물리학자처럼 영화 보기

시간과 우주의 비밀을 탐구하다

물리학자처럼
영화 보기

다카미즈 유이치 지음

위정훈 옮김

애플북스

SF는 '사이언스 픽션Science Fiction'이므로 말 그대로 '픽션', 즉 허구라고 말해버리면 그만이다. 과학자나 대학교수에게 SF를 주제로 책을 써달라고 부탁하면 열에 아홉은 거절할 것이다. 진지하게 논하는 것 자체가 무의미한 부분도 많고 SF를 과학적으로 고찰하는 것 자체가 난센스라고 생각하기 때문이다.

하지만 이 책에서는 시간이나 우주를 주제로 한 SF 영화와 드라마를 과학적으로 고찰해볼 것이다. 이 어려운 과제를 받아들인 사람으로서 이 책의 목표를 미리 말해두고 싶다.

먼저 '과학적으로 무리'라고 딱 잘라 말하는 것은 전혀 생산적이지 않으므로 진지한 과학적 논의와는 조금 다른 입장을 취하고 싶다. 작품에서 다루고 있는 테마를 실마리로 삼아 과학적으로는 어떻게 되는지, 과학자의 호의적인 관점에서 작품을 어떻게 해석할 수 있는지를 이야기해볼 것이다. 작품에는 이해하기 어려운 부분도 많이 등장한다. 나는 영화 제작자나 영화

평론가가 아니므로 단지 SF 작품을 통해 과학과 관련된 재미있는 이야깃거리를 찾고자 한다.

영상으로 표현하는 것은 매력적인 만큼 일반인들에게 미치는 영향이 상당히 클 것이다. SF는 과학적인 주제를 가지고 가공의 세계를 연출한다는 의미에서 최고의 과학 교과서라고도 할 수 있다. 작품을 통해 지금까지 전혀 알지 못했던 과학의 세계를 이해할 수도 있다. 물론 SF의 세계와 과학의 세계를 철저하게 대조하는 것은 무리이므로, 군데군데 독자들이 눈감아주기를 바라는 대목도 있다. 영화를 좋아하는 사람으로서 간단한 코멘트도 가끔 섞여 있는데, 개인적인 감상으로 읽어주기 바란다.

나는 우주론을 전공했지만 과학 전체에 대한 지식은 부족한 점도 많을 것이고, 과학적으로 제대로 설명하기에는 지면의 한계도 있다. 이 책은 어디까지나 SF에서 다루고 있는 테마를 과학적으로 생각해보는 첫 번째 계기 정도로 여겨주기 바란다. 흥미가 있다면 더 자세히 설명되어 있는 과학책들을 읽어봐도 좋을 것이다. 작품 세계와 설정을 일단 받아들인 다음 과학적인 고찰을 살짝 해보는 수준이라고 생각하면 된다.

마지막으로 영화가 가진 놀라운 상상력에 대해 이야기하고 싶다.

영화 〈스타워즈〉에는 태양이 2개 있는 타투인Tatooine이라는 행성이 등장한다. 현재 천문학계에서는 태양이 여러 개 있는 천체가 존재한다고 알려져 있지만 이 영화가 제작될 당시만 해도 밝혀지지 않았던 사실이다. 인간의 상상력이란 정말 무한하여 가끔은 영화에 묘사된 세계가 훗날 현실의 과학 세계에서 발견되기도 한다. 영화 또는 픽션이라고 단정 짓어버릴 일이 아니라는 것이다. 영화의 세계에 등장한 말도 안 되는 과학적 발상이 미래의 과학을 이끌 수도 있는 것이다.

인간의 상상력은 결코 무시할 수 없다. 상상력의 세계에 과학적 관점을 더한 이 책을 꼭 읽어보기 바란다.

2부 - 우주에 대하여

일러두기

이 책은 스포일러를 포함하고 있으므로 책을 읽기 전에 영화 작품을 보기 바란다.

시간에 대하여

1부에서는 시간 이동을 주제로 한 5개의 SF 작품을 소개하면서 배경을 이루고 있는 물리 이론을 이야기한다.

SF 작품에 나오는 시간여행은 픽션의 요소가 강한데, 현실적으로 생각해보면 여러 가지 의문이 솟구친다. 예를 들어 타임머신의 메커니즘은 어떻게 될까? SF에 많이 등장하는, 똑같은 장소의 과거로 이동하는 것이 현실적으로 가능할까? 정말 과거로 거슬러 올라가서 역사를 바꿀 수 있을까? 사람들이 가장 많이 품는 의문 가운데 하나일 것이다.

우주론, 상대성이론(상대론), 그리고 양자역학의 관점에서 이런 의문에 접근해보자. 확실한 답은 없겠지만 그중에는 픽션을 뛰어넘어 실현 가능성이 있는 것도 있다. 현재의 물리학 지식을 토대로 상상의 세계가 조금이라도 실현 가능한지를 생각해보면 새로운 관점으로 SF 작품을 즐길 수 있을 것이다.

1장

시간여행의
가능성과 한계

– 〈백 투 더 퓨처〉 시리즈

〈백 투 더 퓨처〉 시리즈 (1985-1990)

"미래는 너희들이 만드는 것이란다"

– 브라운 박사

영화로 보는 미래

시간여행을 다룬 가장 대표적인 SF 작품은 〈백 투 더 퓨처 Back To The Future〉일 것이다. 1985년에 1편이 개봉되었을 때 사회적으로 엄청난 붐을 일으켰고 최종적으로 3편까지 만들어진 명작이다. 감독은 로버트 저메키스Robert Zemeckis다. 지금으로서는 옛날 영화이지만 여전히 퇴색되지 않는 매력이 있다. 나는 이 시리즈 중에서 미래로 가는 2편을 특히 좋아한다.

이 영화는 한마디로 주인공 마티가 과거와 미래로 시간여행을 하는 이야기다. 1편에서는 어머니와 아버지의 청춘 시절인 1950년대로 거슬러 올라가고, 3편에서는 더 옛날인 서부 개척 시대로 간다. 그리고 2편에서는 주인공의 아들이 사는 미래로 이동한다.

2편을 가장 재미있다고 생각하는 이유는 영화에서 미래 세계를 정교하게 그려냈기 때문이다. 하늘을 나는 자동차, 특이한 복장의 미래인, 영화의 입체 AR 광고 등 이야기 자체와는 직접적인 관련이 없는 세세한 묘사가 대단히 훌륭하다.

예를 들어 주인공이 미래 세계에서 자기 아들 행세를 하기 위해 특수한 재킷을 입고 가는 장면이 있다. 얼핏 보기에는 너무 커서 헐렁헐렁한데 입으면 크기가 자동으로 조절된다. 참으로 편리한 미래의 복장이다. 미래의 신발 역시 자동으로 음성이 흘러나오고, 발 크기에 자동으로 맞춰진다. '이런 미래 세계가 있으면 좋겠다' 하는 부분을 영상으로 재현한 것이다. 이와 같은 디테일한 연출이 보는 이들의 가슴을 설레게 하고 꿈을 키우게 만든다.

마티가 미래인과 같은 복장을 하고 미래의 거리로 사람을 찾으러 나가려 하자 브라운 박사가 이렇게 말하며 제지한다. "바지 주머니를 다 뒤집어. 미래의 아이들은 다 그렇게 뒤집어 입는다." 미래 세계에는 그런 웃기는 패션이 유행한다니, 아주 재미있는 연출이다. 패션의 유행이란 시대가 바뀌면 아주 우스꽝스럽게 보이므로, 그런 의미를 영화적으로 코믹하게 표현한 것인지도 모른다.

또한 3편의 작품을 꿰뚫는 재미는 시대가 변해도 똑같은 캐릭터가 똑같은 장면을 반복하고 있다는 점이다.

못된 비프와 그 일당이 나타나서 주인공과 얽히고 '겁쟁이'라고 주인공의 화를 돋워 난투극이 벌어지는 장면도 그중 하나다. 미래의 카페이든 서부 시대의 술집이든 완전히 똑같은 상황을 보여줌으로써 관객들이 '이놈들은 시대가 바뀌어도 변함이 없네' 하고 시대가 변화했다는 인상을 느낄 수 있도록 슬쩍

던지는 것이다. 또한 모든 것이 미지의 세계를 보여주는 가운데 이런 장면만큼은 편안한 마음으로 볼 수 있다. 그와 대조적으로 입고 있는 옷이나 거리 풍경 등은 시대가 얼마나 변화했는지, 그 차이를 뚜렷하게 보여주는 것이다. 영화 포스터를 보면 1편에서 3편에 걸쳐 표지 등장인물이 1명에서 3명으로 늘어나는데, 등장인물의 자세는 모두 똑같은 반면 복장은 시대에 맞춰 달라진다.

말하자면 3편의 시리즈를 통해 시대의 대비를 멋지게 표현한 것이다. 참고로 2편에 등장하는 미래는 2015년으로 설정되어 있으니 지금으로서는 이미 과거가 되어버렸다.

시간여행에도 종류가 있다

〈백 투 더 퓨처〉에 등장하는 타임머신은 '드로리안Delorean'이라는 자동차다. 이 자동차를 타고 가고 싶은 시각을 설정하면 그 시각의 같은 장소로 이동할 수 있다.

영화는 1편부터 3편까지 시간여행을 각각 다르게 묘사한다. 1편에서는 드로리안이 일정한 속도에 도달할 때까지 가속 주행하여 시간을 이동한다. 2편에서는 미래의 자동차로 드로리안이 등장해 하늘을 날아올라 가속 주행을 한다. 마지막 3편은

서부 개척 시대이므로 증기기관차로 드로리안을 뒤에서 밀어서 속도를 높인다.

어떤 시간여행이든 중요한 것은 목표 속도에 이르는 것이며, 그 속도에 도달하는 순간 드로리안에서 설정한 다른 시각의 같은 장소로 순식간에 이동할 수 있다. 3편에서는 목표 속도에 이르는 장소가 서부 개척 시대의 아직 선로가 놓이지 않은 절벽이다. 그러나 미래(주인공 입장에서는 현재)에는 그곳에 다리와 선로가 놓여 있으므로 절벽에 떨어지지 않고 무사히 돌아온다.

드로리안의 시간여행에서 과학적인 부분을 살펴보자.

시간여행이라는 말을 들으면 바로 떠올리는 것이 〈백 투 더 퓨처〉에서 묘사하는 것처럼 단숨에 시간을 뛰어넘어 이동하는 것이다. 이러한 타임워프Time Warp는 시간을 과거로 되돌린다는 설정의 SF 작품에서 가장 일반적으로 사용된다.

하지만 2020년에 개봉된 영화 〈테넷〉에서 그려진 과거로의 시간여행은 전혀 다르다. 어떤 워프 수법도 사용하지 않는 것이다. 한쪽 방향으로 흐르는 시간을 화살표로 나타낸다면 〈테넷〉의 시간여행은 화살표가 역방향이다. 주인공만이 시간이 역행하는 세계에 들어감으로써 과거로 돌아갈 수 있다는 설정이다. 자세한 이야기는 뒤에서 하겠지만, 여기서 말하고 싶은 것은 〈테넷〉에서는 결코 워프를 하지 않는다는 것이다. 〈테넷〉에서는 일주일 전의 어떤 시각으로 돌아가고 싶다면 역행하는 시간 속에서 일주일을 보내야 한다. 그러므로 〈백 투 더 퓨처〉처럼 수십 년 전으로 돌아가는 것은 현실적으로 무리다.

또 다른 시간여행 묘사로 〈백 투 더 퓨처〉와 〈테넷〉의 중간 정도에 해당하는 것이 영화 〈타임머신〉에 등장한다. 머신에 올라타는 것은 같지만 머신 자체가 이동하지는 않는다. 말하자면 붙박이 의자 같은 것이다. 과거로 돌아가는 경우 앉아 있는 사람 이외의 주변 세계가 시간을 거슬러 올라가서 변화해간다. 마치 DVD 영상을 되감기하듯이 말이다. 〈테넷〉의 주인공도 시간이 역행하는 세계에서는 자신 이외의 주변이 되감기처럼 변하는 상황을 보는데, 영화 〈타임머신〉은 여기에 '빨리 감기'까지 더해진 이미지다. 하지만 더 먼 과거로 가려면 아무리 빨리 감기를 한다 해도 목적으로 한 시각까지 거슬러 올라가는 데 어느 정도 시간이 걸리는 것으로 그려진다. 이러한 점에서 두 영화의 중간쯤에 해당하는 시간여행이라고 하는 것이다.

시간여행에 대해 사람들이 궁금해하는 것들은 다음과 같다.

- 동력원 또는 메커니즘은 무엇인가?

- 시각을 지정하고, 같은 장소로 이동하는 것이 어떻게 가능
  한가?
- 과거를 바꾸는 것은 가능한가?

  물리학적으로 말하자면, 과거로의 시간여행은 기본적으로
인과율이라는 규칙에 의해 금지되어 있다. 여기서는 대략적으
로 살펴본다.

시간여행은 이론적으로는 가능하다

  현대물리학에서 중요한 2가지 이론이 바로 양자역학과 상
대성이론이다. 양자역학은 기본적으로 원자 또는 그보다 작은
입자가 움직이는 것에 관한 물리 이론이고, 상대성이론은 빛의
속도에 가까운 세계나 중력이 강한 세계에서의 규칙을 말한다.
이 2가지 물리 이론은 궁극적으로는 하나로 합쳐진다고 하지
만 아직까지는 융합되지 않고 있다.

  우주에 존재하는 모든 복잡한 현상은 양자역학의 힘과 일반
상대성이론에서 다루는 중력이라는 기초적인 힘으로만 성립
되는 것으로 보고 있다. 2가지 이론이 하나로 합쳐진다면 지금
까지 명확하게 해명하지 못했던 현상, 예를 들어 블랙홀 내부

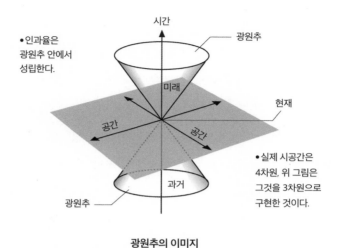

● 인과율은
광원추 안에서
성립한다.

시간

광원추

미래

현재

공간

공간

● 실제 시공간은
4차원, 위 그림은
그것을 3차원으로
구현한 것이다.

과거

광원추

광원추의 이미지

나 빅뱅 이전의 고에너지 상태의 우주를 설명하거나 예측할 수
있다.

이것은 궁극의 이론 또는 통일장이론이라고 불린다. 원리상
으로는 이 이론이 완성되면 우주의 모든 현상을 완전히 이해할
수 있으므로 궁극의 이론이라고 하는 것이다. 이것은 양자역학
과 상대성이론이 어떻게 통일되느냐에 달려 있다고 해도 과언
이 아니다.

'시간여행'으로 다시 돌아가 보자. 과거로 돌아가는 경우 인
과율이 하나의 커다란 장벽이다. 이것은 빛의 속도가 세상에

서 가장 빠르다는 것을 바탕으로 한다. 최고 속도가 있다는 것은 어떤 정보를 과거에서 미래로 전달할 수 있는 한계 영역이 있다는 의미다. 빛이 운반하는 정보는 광원추라는 빛의 속도가 그려내는 영역 안에서만 전달된다. 어떤 현상도 어떤 힘이 전달됨으로써 일어난 결과이다. 광속도가 가장 빠른 속도이므로, 원인과 결과의 시간 차 역시 광원추 내에서만 존재한다는 것이다. 이에 따라 원인에서 결과가 비롯되는 인과관계가 성립된다. 상대성이론은 기본적으로 광속도가 가장 빠른 속도라는 원리를 토대로 한다. 따라서 상대성이론을 바탕으로 한 세계에서 시간은 인과율에 따라 과거에서 미래라는 한쪽 방향으로만 성립한다.

그러나 상대성이론을 빠져나갈 구멍은 많다. 그중 하나가 웜홀 Wormhole(서로 다른 공간을 연결하는 가상의 통로)을 이용한 타임머신이다. 시간과 공간을 일체화하는 개념이 시공이다. 이 시공상의 다른 세계를 연결할 수 있는 웜홀이라는 수학적인 해법은 실제로 존재한다. 이것을 이용하면 원리상으로는 다른 시각, 다른 장소로 이동할 수 있다.

여기서 말해두고 싶은 것은, 실제 우주 관측에서 웜홀의 후보가 될 만한 천체는 아직까지 발견되지 않았다는 점이다. 그러므로 애초에 웜홀이 현실 세계에 존재하는지, 또는 웜홀을 창조할 수 있는지도 현재의 물리학에서는 불분명하다. 여기서는 어디까지나 이런 점들이 해결되었다는 가정하에 상상하는 것임을 이해해주기 바란다.

실현 가능한 타임머신은 웜홀 출구를 광속에 가까운 속도로 이동시켜서 입구와 시간 차를 만드는 방법이다(22쪽 그림). 이 부분에서도 어떻게 이동시킬 수 있는지 등 딴지를 걸 만한 부분은 수없이 많다. 가장 큰 결함은 상상 속의 타임머신이 과거로 돌아간다 해도 기껏해야 이 타임머신이 완성된 시점의 웜홀 출구 시각까지라는 것이다.

상대성이론에서는 광속에 가깝게 이동하면 시간은 천천히 흐른다. 출구를 광속으로 이동시켰다가 다시 광속으로 원래 위치로 되돌리면 입구와 큰 시간 차가 생긴다.

예를 들어 입구와 출구의 시간 차가 10년이라고 하자. 입구로 들어가면 반드시 입구 시각의 10년 전 출구로 나올 수 있다. 그러나 시간을 되돌릴 수 있는 가장 먼 과거는 10년 전이 한계다. 출구를 광속으로 이동시켰다가 되돌려서 타임머신이 완성된 시점까지 갈 수 있다는 것이다. 입구 시각이 2032년이라면 돌아갈 수 있는 과거는 출구의 2022년이 된다.

① 웜홀을 만든다.

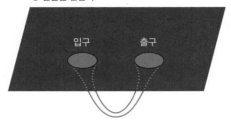

② 출구를 고속으로 이동시킨다. 광속에 가까울수록 시간은 천천히 흐른다.

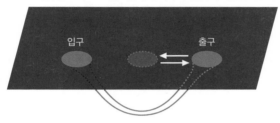

③ 출구를 원래 위치로 되돌리면 출구와 입구에
시간 차가 생긴다.

●출구와 입구의 시간 차를
10년이라고 가정하며
시간은 엄밀한 값이 아니다.

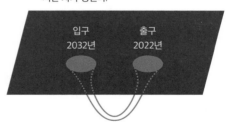

웜홀을 이용한 시간여행

이렇게 난관이 많은 데다 시간여행이 10년 전까지만 가능하다니 뭔가 꿈이 무너지는 느낌이다. 하지만 영화 〈데자뷰〉에는 언제나 4일 반 전의 과거로 돌아갈 수 있다는 설정이 나온다.

영화에서는 큰 테러를 미리 막는 드라마가 펼쳐진다. 4일 반 전에도 극적으로 뭔가를 할 수 있다는 것을 생각하면 시간을 10년 전으로 되돌릴 수 있다는 것은 엄청난 일인지도 모르겠다.

웜홀을 통과하려면

웜홀을 통과하는 이야기는 이쯤 하고, 웜홀의 타임머신을 조금 더 검증해보자. 타임머신이 완성된 때, 예를 들어 웜홀 입구가 2032년이라면 과거로 돌아갈 수 있는 시점은 출구의 2022년이다. 그러면 1년이 지나서 돌아갈 수 있는 과거는 어떻게 될까? 2023년까지만 돌아갈 수 있으며, 2022년으로는 돌아갈 수 없다.

이처럼 웜홀에 기초한 타임머신으로 돌아갈 수 있는 과거의 한계 시각은 고정되지 않고 서서히 미래로 흘러간다. SF 영화에 많이 등장하는 시간여행은 실현하기 대단히 힘들다는 것이다.

더 큰 문제도 있다. 웜홀은 일반적인 물질은 통과하지 못한다고 알려져 있다. 에너지가 마이너스가 되는 기묘한 물질만이 통과할 수 있다. 보통 모든 물질은 에너지가 플러스이므로, 이 시점에서 이론적으로 도입된 상상 속의 기묘한 물질이 필요하다. 웜홀을 통과하는 것만 해도 반드시 해결해야 하는 난관이 있다는 뜻이다. 육체는 물론, 빛조차 에너지는 플러스이므로 통과하는 것 자체가 불가능하다.

통과할 수 있는 특수한 입자를 만든다 해도, 결국 그 입자는 통신수단으로밖에 쓸 수 없다. 영화처럼 자신이 육체를 유지한 채로 시간을 되돌리는 것은 절대 불가능하며 기껏해야 과거의 정보를 관측하는 정도가 한계라는 것이다. 이런 관점에서 전 세계를 망라하여 녹화할 수 있는 위성 시스템이 있다면 그것과 다르지 않다는 느낌이다. 녹화 영상을 보는 것과 똑같기 때문이다. 이것은 뒤에서 소개할 영화 〈데자뷰〉에서도 다룰 테마이므로 여기서는 이 정도로 해두자.

엔트로피 증가 법칙

물리의 세계에서 시간을 되돌리는 가장 현실적인 현상은 양자역학과 관련된 것이다. 소립자의 기묘한 움직임 속에 시간을 되돌릴 가능성이 숨어 있다.

시간이 한쪽 방향으로 흐르는 것을 물리적으로 표현할 때 '엔트로피Entropy'라는 말을 쓴다. 영화 〈테넷〉에도 나오는 이 단어를 들어본 적이 있을 것이다.

엔트로피란 상태의 무질서함을 나타내는 양이다. 예를 들어 책이 가지런히 정리된 책장은 엔트로피가 작고, 방바닥에 책이 어지럽게 흩어져 있는 것은 엔트로피가 크다고 할 수 있다. 모든 고립계(에너지나 물질이 바깥 세계와 상호작용하지 않는 공간)에서는 엔트로피가 증가하는 법칙이 있다.

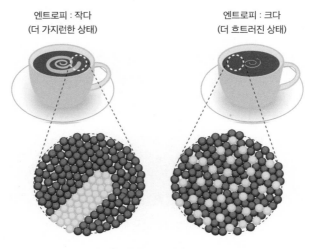

흐트러진 정도를 나타내는 엔트로피

커피가 들어 있는 컵에 우유를 부으면 우유가 퍼져간다. 점점 퍼져가는 우유는 엔트로피가 증가하고 있는 것에 해당한다. 반대로 엔트로피가 감소할 만한, 즉 퍼진 우유가 한 점으로 모이는 현상은 일어나지 않는다. 이런 일방적인 흐름을 규정하고 있는 것이 엔트로피 증가의 법칙이다. 이것이 시간의 흐름을 결정하는 법칙이라고 할 수 있다.

물리법칙을 나타내는 방정식은 시간이 흘러가는 것처럼 표현되어 있지만, 수식으로는 과거나 미래로도 향하는 것으로 그려진다. 수학적으로는 과거로 향하는 현상이 불가능하지 않다. 그러나 신기하게도 현실적으로는 미래로 향하는 현상만 나타난다. 그것을 법칙으로 확실하게 규정하고 있는 것은 엔트로피 증가의 법칙뿐이라고 할 수 있다.

그런데 최근 양자컴퓨터의 세계에서 엔트로피가 감소하는 현상이 관측되었다는 소식이 있다. 여기서는 깊은 내용까지 들어가지 않겠지만 양자역학의 세계에서는 시간을 되돌리는 현상이 실제로 일어날 수 있다.

우리의 거시적인 세계와 달리 양자 세계에서는 시간 개념이나 위치 개념이 모조리 바뀌며 직감에 어긋나는 세계가 모습을 드러낸다. 영화 〈테넷〉의 대사에도 나오는데, 예를 들어 양전자라는 입자는 시간이라는 면에서 전자와 반대되는 행동을 한다. 양전자는 미래로 향하는 전자와는 반대로 과거로 향하는 입자인 것이다.

또한 양자 세계에서는 시간도 연속적이지 않고 듬성듬성한 값을 취하면서 불연속을 이루고 있다. 이런 양자 세계의 특징을 최대한 표현한 것이 카를로 로벨리Carlo Rovelli 박사의 《시간은 흐르지 않는다The Order of Time》이다. 그는 루프 양자중력 이론이라는 선구적인 이론을 주장한 사람이다. 앞에서 설명한 양자역학과 상대성이론의 통일이론 후보 가운데 하나이기도 하다. 여기서는 시간이라는 개념을 도입하지 않은 물리 현상의 세계가 그려지는데, 내용이 약간 어려우므로 생략하겠다.

내가 말하고 싶은 것은, 시간을 되돌리는 영역에서는 양자역학의 세계가 현실적으로 가능성이 가장 높다는 것이다. 양자 상태가 되면 과거로의 시간여행이 가능하지 않을까 상상해본다.

이것을 그린 SF 작품으로 〈12몽키즈〉라는 미국 드라마가 있다. 1995년에 개봉된 영화를 리메이크한 것인데, 2015년부터 2018년까지 방송되어 시즌4까지 나온 대작으로 시간여행을 재미있게 다루고 있다.

긴 스토리를 간단히 말하면 어떤 해에 전 세계에 퍼진 바이러스를 퇴치하기 위해 시간여행으로 과거를 바꾸는 것이 커다란 목적이다. 바이러스 때문에 전 인류의 90% 이상 사멸하고 남은 이들은 캄캄한 지하에 모여 사는 2035년 미래에 타임머신이 개발된다. 코로나19 팬데믹을 겪고 있는 지금의 세계를 생각하면 완전히 비현실적이라고는 할 수 없다.

미래인의 존재가 의미하는 것

타임머신을 이용해 과거로 돌아가는 목적은 SF 작품에 따라 다양하다. 예를 들면 다음과 같은 것이다.

① 멸망한 세계를 구하고 싶다.
② 어떤 죽은 사람을 구하고 싶다.
③ 개인적인 흥미

그중에서도 멸망한 세계를 구한다는 명분이 가장 그럴듯한 목적일 것이다. 인류를 죽음에 이르게 하는 바이러스나 테러 등이 전 세계적으로 퍼져가는 상황에서 많은 사람들의 목숨을 살리는 일은 당연히 응원하고 싶을 것이다. 그러나 '과거를 바꾸는 일이 과연 가능한가'라는 시간여행물의 가장 큰 테마가 가로막고 있다.

물리적으로는 인과율에 따라 과거에 일체 손을 댈 수 없다. 즉, 물리세계에서 가능할 것으로 여겨지는 시간여행은 기껏해야 '과거를 보는' 것뿐이다.

이런 경우도 생각할 수 있다.

시간여행이 가능하다고 했을 때 과거로 이동해서 역사에 관여한다면, 그 미래인의 관여가 이미 과거의 일부로 편입되어 있다는 것이다. 과거가 바뀐다고 해서 이미 존재하는 현재의 어떤 것이 바뀌지는 않으며, 바뀌었다 하더라도 그것은 이미 과거의 일부로 일어났고 그것까지 포함하여 현재가 존재한다는 것이다. 추상적으로 말하면 이해하기 어려우므로 구체적인 예를 들어보자. 〈백 투 더 퓨처〉 1편처럼 시계탑 앞에서 찍은 단체사진을 생각해보자.

어떤 과거에 시계탑이 세워진 곳에서 찍은 사진이 있다고 하자. 다음 해에 타임머신으로 사진을 찍은 과거의 시각으로 돌아가서 나도 그 사진에 함께 찍힌다 하더라도 내가 갖고 있는 사진에 내가 새롭게 찍혀 있지는 않다는 것이다. 사진은 아무 변화도 없으며, 일련의 시간여행이 이루어졌다면 이미 갖고 있는 사진에 그것이 찍혀 있을 것이다. 처음에 갖고 있던 사진에는 많은 사람들이 있으며, 자세히 들여다보면 사실은 나 같은 사람이 찍혀 있는 것이다. 과거의 그 시점에는 아직 다음 해에 시간여행을 한다는 것이 정해져 있지 않았지만, 그 일련의 행동이 이미 과거에 편입되어 사진에 반영되어 있다는 것이다. 그렇게 생각하는 것이 가장 모순이 없는 인과율에 기초한 시나리오의 결론이라고 할 수 있다.

반대로 말하면 시간여행으로 현재로 돌아올 수 있는 미래인이 지금 현재에 이미 존재하지 않으면 모순되는 것이다. 사고실험思考實驗을 해보면 이해하기 쉬울 것이다.

뛰어난 과학자들이 미래에 타임머신을 개발해서 계약을 한다고 가정해보자. '최초로 과거로 돌아가는 것은 지금 이 순간에서 딱 10분 후의 이 장소로 정한다'고 계약서를 썼다. 그리고 10분간 여기저기 찾아봐도 아무 일도 일어나지 않는다면, '미래에 그들이 타임머신을 개발하지 못한다는 것'이 이미 편입되어 있는 것이다.

이 아이디어는 미국의 인기 시트콤 〈빅뱅이론The Big Bang Theory〉에 실제로 등장하는 장면에서 가져온 것이다. 2명의 괴짜 과학자가 초현실적인 웃음을 선사하는 드라마다. 미래인의 흔적을 찾는 오컬트 Occult 분위기도 엿보인다. 미래인이라는 명확한 증거가 없는 한 미래에 타임머신이 개발되지 않는 것도 확정된 사실이라고 할 수 있다.

시간여행에 필요한 에너지

여기까지 이야기한 것을 토대로, 처음에 제시한 타임머신에 관한 3가지 의문에 대해 고찰해보자.

- 동력원 또는 메커니즘은 무엇인가?
- 시각을 지정하고, 같은 장소로 이동하는 것이 어떻게 가능한가?
- 과거를 바꾸는 것은 가능한가?

먼저 어떻게 과거로 돌아갈 것인가, 하는 메커니즘을 살펴보자.

물론 확실한 답을 할 수 있다면 나도 브라운 박사가 될 수 있을 것이다. 〈백 투 더 퓨처〉에서는 '플루토늄을 동력원으로 삼아 드로리안을 시속 88마일로 가속하면 차원전이 장치에 1.21기가와트의 전류가 흘러' 타임워프를 한다. 기가와트는 에너지 단위이며 시속 88마일은 시속 141킬로미터이므로 완전히 비현실적인 자동차 속도는 아니다. 실제로 페라리는 최고 시속 300킬로미터 이상 낼 수 있으므로 가속이 동력원이라면 세상에 널린 것이 타임머신일 것이다. 요컨대 중요한 것은 플루토늄이라는 원자력에너지를 사용하고 있다는 점인데, 그 이상 언급되지 않으므로 자세한 것은 알 수 없다.

2편에서는 드로리안이 하늘을 나는 자동차로 개량되어 나온다. 주목해야 할 점은 가정 쓰레기 등을 동력원으로 바꾸었다는 점이다. 과학적으로 해석하면 물질을 원자 수준까지 분해해서 원자력에너지를 얻는 것이다. 상온에서 가동할 수 있는 작고 단순한 원자로 이미지와 비슷하다. 상온 핵융합을 친환경적으로 할 수만 있다면 미래 기술이라고 할 만하다.

물론 기술적으로 가능한지를 따져보면 파고들 만한 대목은 많다. 그러나 무리한 대목은 제쳐두고 어떤 원자력에너지를 이용해서 시공 이동을 한다는 것이다. 영화에서는 이 동력원으로 낙뢰가 사용되기도 하니, 단순히 에너지를 가동시키면 될지도 모르겠다. 참고로 2편까지는 에너지 공급과 자동차의 가속이 중요한 설정이지만, 3편에서는 단순히 차의 속도에만 집중하며 증기기관차로 가속할 수 있는지 여부를 중시한다.

맨몸으로 날아갈까, 뭔가를 타고 날아갈까?

지금까지 물리적 이론을 생각하면 과거로 돌아가는 기술에는 막대한 에너지가 반드시 중요하지는 않으며, 양자역학적인 메커니즘이 필요불가결하다고 할 수 있다.

미국 드라마 〈12몽키즈〉에서는 신체를 양자 수준까지 분해하여 전송한다. 악당을 처벌하기 위해 이 장치를 이용하는 장면이 나오는데, 과거가 아니라 몇 초 후의 미래로 보내는 일을 반복한다. 아무래도 양자 상태로 분해되었다가 다시 합성되어 원래 신체로 돌아가는 조작을 반복하는 고문인 듯하다. 이 조작이 육체적으로 상당히 고통을 주는 것인 듯 설정하고 있으며, 악당이 '제발, 그만!'이라고 애원한다.

양자 수준으로 분해해 시공을 넘어서 전송한다는 묘사가 차를 타고 시간 이동을 하는 것보다 물리 이론으로는 좀 더 설득력이 있다. 〈12몽키즈〉에서는 특수한 주사를 맞고 장치에서 나오는 특수한 빛을 쬐어야 이동할 수 있는 것으로 설정되어 있다. 양자 수준의 분해와 생체에 어떤 조작을 한다는 묘사가 꽤 리얼하다.

어떤 머신을 타고 이동하는 것이 영화로는 묘사하기 쉽지만 양자역학 메커니즘으로 이동하는 것이 시간여행의 토대라고 하면 자동차 전체가 시공 이동을 하는 것이 훨씬 큰 문제이다. 자동차 금속도 전부 양자적으로 분해하여 재구성해야 하기 때문이다. 영화 〈데자뷰〉에서도 이동할 때 질량 제한이 있는 것으로 설정한다. 주인공은 권총 같은 무기도 가져가고 싶어 하지만, 되도록 질량을 가볍게 하기 위해 알몸으로 가야 하는 것으로 그려진다.

가고 싶은 과거로 갈 수 있는 가능성

다음으로 '갈 곳을 어떻게 설정할 것인가?' 하는 문제를 생각해보자.

〈백 투 더 퓨처〉에서 드로리안은 디지털시계 숫자판을 설정하면 정확히 그 근처에 도착한다. 하지만 애초에 어떤 시공 지점에서 타임워프하여 다른 시공 지점으로 이동하는 것을 생각하면 시간만을 특수하게 취급할 수 없는 것 아닌가?

일반상대성이론에서는 우주 자체를 시간 1차원과 공간 3차원이 합쳐진 4차원의 시공 다양체로 간주한다. 시간과 공간이 합쳐졌다고 해도 시공 다양체 자체는 시간과 공간이 모자이크처럼 짜여 있는 이미지가 아니다. 위 그림의 세로축을 시간, 가로축을 공간으로 표현하면, 축의 방향 차이로 시간과 공간의

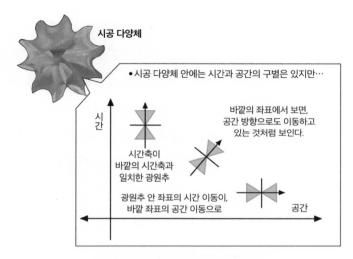

시간과 공간이 모호해지는 시공 다양체

차이가 간단히 구별된다. 그러나 이 안에 비스듬하게 광원추를 두면, 그 사람에게 있어서 시간의 방향은 원래 좌표에서 보면 시간과 공간이 모두 뒤섞여버린다.

예를 들어 블랙홀 내부에서는 이것이 두드러져서 시간의 방향이 공간의 방향으로 완전히 뒤바뀌어버리기도 한다. 광원추 그림이 가로로 누운 상태인 것이다. 블랙홀 내부에서 공간적으로 이동하려 했는데 미래로 시간적 이동이 되어버리는 기묘한 상태다. 이런 의미에서 시공 다양체 사고에서는 그 안을 이동함으로써 이미 시간과 공간의 구별이 모호해지는 것이다.

타임머신으로 시공 이동이 가능하다면, 영화에 등장한 것처럼 시간과 공간을 따로 떼어서 이동하는 것은 어렵지 않을 것이다. 시공 다양체의 관점에서 장소는 같고 시간만 정확하게 과거의 시점으로 되돌리기는 어려울 것 같다. 상대론에서는 시간과 공간의 본질적인 구별이 없기 때문이다. 예를 들어 광속으로 이동하는 사람 입장에서 보면, 주위 풍경이 진행 방향으로 오그라들고 움직임도 느려진다. 공간의 축소와 시간의 진행이 동시에 달라지는 것이다.

역시 상대론 입장에서 말하면, 어느 한쪽만을 조정하기는 어려울 것 같다. 현실 세계에서도 GPS를 이용해 하늘에서 지상의 어느 지점에 정확하게 우주비행사를 낙하시키기는 어렵다. 대기 상태나 공기 저항 등 현실적인 문제는 제쳐두더라도, 빛까지 확실하게 상대론 계산에 넣지 않으면 몇 미터 이상은 쉽게 어긋나버린다. 이러한 사실만 봐도 정확히 과거의 어떤 시각으로 워프하는 것은 곤란하다는 것을 자연스럽게 알게 된다. 커다란 오차가 생기는 것이 당연하다.

SF 작품에서는 이것을 손쉽게 조정하고 있으며, 사건이 일어나기 몇 분 전까지 미세조정이 가능한 설정도 등장한다. 그러나 이것은 시간여행과는 다른 메커니즘이나 기술이 필요하다. 〈12몽키즈〉에는 이것도 비교적 사실적으로 묘사하고 있다. 과거로 돌아갈 때도 일주일 정도 시간이 어긋난다는 설정이 나오기 때문이다.

이 작품에서는 타임머신을 시간뿐만 아니라 공간을 이동하는 수단으로도 사용하고 있다. 타임머신의 본질이 시공 다양체 안에서의 이동이라면, 시간 이동과 공간 이동에 차이가 없다고 생각할 수 있다. 그렇다면 타임머신은 실질적으로 워프 같은 공간 이동도 동시에 가능할 것이다. 오히려 타임머신은 시간만 되돌리는 것이 아니라 원리상으로는 공간도 당연히 이동할 수 있는 장치 아닐까? 〈12몽키즈〉에서는 실제로 타임머신으로 같은 시대의 다른 장소로 이동하기도 한다.

서로 떨어진 공간을 단숨에 이동하는 기술이라면 양자 텔레포테이션Proton Teleportation이 있다. 이것은 SF에만 나오는 이야기가 아니다. 양자 얽힘Quantum Entanglement이라는 현상을 이용하여 서로 떨어진 점 간의 이동이 현실적으로 관측되었다. 현재는 단순히 양자라는 소립자의 이동이지만 이것을 확장하면 원자로 이루어진 모든 것들의 공간 이동이 원리상으로 가능하다.

영화 〈스타트렉〉에는 어떤 행성에서 우주로 단숨에 이동했다가 돌아올 수 있는 전송 장치가 등장한다. 이것도 과학적으로 해석하면 양자 텔레포테이션이 가장 가깝다고 할 수 있다. 〈스타트렉〉의 전송 장치는 실질적으로 타임머신 기술의 토대가 될 수 있다.

과거를 바꾸는 일은 가능할까?

마지막으로, 세 번째 의문인 '과거를 바꿀 수 있는가?' 하는 문제를 살펴보자.

이것이 시간여행을 소재로 한 SF 작품의 가장 큰 테마라고 할 수 있다. 더욱이 이것이 불가능하면 이야기를 전혀 바꿀 수 없으니 재미가 없다. SF 작품에서 시간여행으로 역사를 바꿀 수 있다는 것이 필수이다.

한편 물리 이론상으로는 인과율에 의해 바꿀 수 없고, 과거는 과거 그대로다, 하는 입장이 가장 자연스럽다. 이러한 관점에서 보면 일본 애니메이션 〈노부나가 콘체르토信長協奏曲〉 같은 시간여행 묘사가 정확할 수 있다.

줄거리는 현대의 고교생이 전국시대로 타임슬립Time Slip하여 노부나가 대신 노부나가 노릇을 한다는 이야기다. 거기서 주인공에게 일어나는 일은 어디까지나 역사 교과서 그대로이다. 현대적이고 참신하지만 어떤 의미에서는 당시 노부나가의 기발한 행동을 보충 설명하는 측면도 있다. 오구리 슌小栗旬 주연의 영화도 만들어졌다.

여기서는 기본적으로 주인공이 역사를 바꾸는 행동을 하지 않는다. 그가 역사를 몰랐던 탓도 있지만, 시간여행은 하더라도 '혼노지本能寺의 변'(1582년 6월 2일에 일본 교토 혼노지에서 오다 노부나가의 가신인 아케치 미쓰히데가 반란을 일으켜 노부나가가 사망한 사건. 노부나가의 죽음으로 도요토미 히데요시의 세상이 열렸다.-옮긴이)으로 노부나가가 살해되기까지 역사는 아무것도 바꿀 수 없다는 전제하에 이야기가 전개된다. 이것이 가장 그럴듯한 시간여행 스토리일 것이다.

부모 살해 패러독스

SF 작품에 자주 나오는, 역사를 바꾸는 스토리를 정면으로 부정할 수는 없으므로 여기서는 인과율을 무시하고 바꿀 수 있다는 입장에서 좀 더 유연하게 접근해보자.

예를 들어 부모 살해 패러독스가 있다.

'과거로 돌아가서 부모를 죽이면 내가 사라져버릴까?'라는 것이다. 〈백 투 더 퓨처〉에서는 부모 살해 대신 부모의 연애가 잘 풀리지 않자 사진에 찍힌 주인공의 모습이 사라져가는 묘사가 있다. 주인공의 손이 사라져가는 장면도 나온다. 인과관계로 인해 지금 존재하고 있는 자신이 사라져버리는 것이다. 눈앞의 사람이 사라져버린다는 것은 주위 사람에게 엄청난 일일 것이다.

그런데 실제로 살해해버렸다면 어떻게 될까?

과거로 시간여행을 떠난 자신이 존재하고 있는 한 거기서 부모를 살해하는 것 자체가 불가능하다고 생각한다. 그 행위가 성립하면 자기 존재의 모순으로 이어지기 때문이다.

역사를 바꿀 수 있다 해도 그것이 어느 정도까지 가능할지도 문제이다. 부모 살해 설정에서도 과거의 상황을 바꿀 수는 있더라도 존재의 유무와 관련된 결정적인 것은 바꾸지 못할 가능성이 있다. 어떤 금기처럼, 죽이려 해도 잘 풀리지 않고 실패로 끝나거나, 어머니를 살해했다 해도 이미 임신한 상태여서 결과적으로 긴급수술 등을 통해 아기만 기적적으로 살아날 수 있다. 그러면 자신이라는 존재가 사라지는 모순에 빠지지 않는다. 어머니가 세상을 떠났다는 새로운 사실도, 어떤 객관적인 증거를 갖고 있지 않은 한 자신의 기억이 바뀌는 것만으로 마무리될지도 모른다.

과거가 바뀐 것을 인지하려면

여기서 중요한 것은, 과거가 바뀜으로써 미래가 바뀌는지 여부를 객관적으로 말하려면 2가지 미래를 나란히 놓고 비교할 수 있는 증거나 관측하는 인물이 반드시 있어야 한다는 점이다.

그렇지 않다면 그저 과거에 대한 기억의 착오로 끝나버리는 경우가 대부분이다. 예를 들어 〈백 투 더 퓨처〉에서는 현재로 돌아옴으로써 세계가 바뀐 것을 확인한다. 그러나 원래는 과거로 돌아가서 변화를 주는 사람과, 그것이 현재에 어떤 영향을 미치는지를 동시에 관측하는 사람, 최소한 2명의 인물이 반드시 필요하다. 예를 들어 〈12몽키즈〉에서는 타임머신으로 에이전트를 과거로 보낸 박사와 그 에이전트가 있다. 에이전트가 과거에 일어난 바이러스 테러를 막으면 현재에 있는 박사는 그 세계가 변화하는 것을 목격한다.

그러나 여기서도 왜 박사만 '그것을 변화로 관측하게' 되는지 합리적인 설명이 없다. 바이러스 테러로 죽은 사람들이 그 세계에서 아무 일 없었다는 듯이 살아 있다면, 박사가 과연 그것을 변화로 관측할 수 있을까? 박사의 인격이나 기억이 한순간에 바뀌어버리면 더 이상 변화로 관측할 수 없으며, 그저 자연스럽게 현실을 받아들일 뿐이다. 역사가 바뀜으로써 나타나는 변화를 알아차릴 수 없는 것이다.

영화를 보고 있는 관객은 그 세계의 변화를 제3자의 입장에서 보고 있으므로 차이를 인식할 수 있다. 그러나 그 세계에 있는 사람들은 전혀 알아차리지 못하는 것이 훨씬 자연스러울 것이다. 이렇게 되면 단 한 사람, 역사를 바꾼 에이전트 본인의 기억 착오만으로 끝나버린다. 역사를 크게 바꿔버린다면 그것은 전혀 다른 세계가 태어난다는 의미다. 이것은 평행세계의 개념에 가까울 것이다.

정리하면 역사를 바꿀 수 있더라도 다음과 같이 될지 모른다.

① 역사에 어떤 영향을 미치지 않는 약간의 변화만 가능하다.
② 역사를 크게 바꿀 수 있다면 평행세계가 자연스럽게 존재한다.

영화 〈데자뷰〉에서도 이 점을 큰 강의 흐름으로 설명하고 있다. 통상적인 시간의 흐름을 큰 강의 흐름에 비유하면 과거로 돌아가도 보통은 사소한 파문밖에 일으키지 못한다. 크게 바꾸었다면 새로운 강의 흐름이 생겨난다는 것이다. 이 경우 이전의 흐름은 자연스럽게 사라져버리는 것일까, 아니면 둘 다 평행하게 흐르는 2개의 강, 즉 평행세계가 될까, 하는 문제가 남는다.

많은 SF 작품에서는 통상 과거로 보내진 주인공의 시선으로 이야기가 전개된다. 하지만 주인공을 과거로 보낸 인물의 관점에서 스토리를 쓴다면 어떻게 될까? 사실은 그것이 가장 마음에 걸리는 대목이다. 이전의 흐름이 사라져버린다면 과거로 보낸 순간 역사의 변화가 전달되며, 과거로 보낸 사람과 장치까지 포함하여 그 세계가 통째로 사라져버린다. 너무 어두운 결말이다.

시간여행을 지켜본 사람들은 어떻게 될까?

한편 평행세계의 관점에서 말하면, 누군가를 과거로 보낸 현재 사람들의 세계는 이후로 아무런 변화가 없다. 그리고 전혀 다른 변화한 세계가 동시에 존재하는 셈이다. 애초에 평행세계란 양자역학에 관한 사고 실험인 '슈뢰딩거의 고양이'에서 착상된 세계관과 같다. 양자역학에서는 고양이 한 마리가 죽은 상태와 살아 있는 상태로 동시에 존재할 수 있다는 것이다.

과거를 바꿀 수 있다고 한다면 평행세계가 가장 모순 없이 설명할 수 있는 세계관이다. 이것이 각각의 우주가 존재하는 멀티버스multi-verse 세계이다. 다만 문제는 2개의 세계를 비교할 수 없다면 무의미하다는 것이다. 다른 세계를 관측할 수 없다면 그것은 현실적으로 알 수가 없고, 따라서 현실이 아니다. 비교할 수 없는 평행세계 상태에서는 비교할 수 없는 평행세계인 채로 해석할 수 없다. 미국 드라마 〈프린지FRINGE〉는 이런 평행세계들이 서로 겹쳐서 서로의 세계가 소멸될 위기를 맞이한다는 이야기다. 드라마에서는 서로의 세계를 오가기도 하는데, 이처럼 2개를 동시에 비교할 수 있어야 비로소 평행세계라는 세계관을 물리학적으로 다룰 수 있다.

또한 평행세계 시나리오는, 누군가를 다른 세계로 보낸 사람들은 변함없는 일상을 살아가므로 영화로서는 아무런 재미가 없다. 보낸 사람의 관점에서 변화하는 세계의 모습을 그린 작품은 거의 없지 않을까? 〈12몽키즈〉에서 유일하게 이런 묘사가 나온다. 에이전트를 과거로 보낸 박사는 이미 실험에 의해 자신도 시공 전이를 위한 생체주사를 맞았다. 그 덕분에 그 세계가 바뀐 것을 '변화로 목격할 수 있는' 유일한 인물이다. 이러한 상황은 주변 인물이나 사물이 유령처럼 빠른 속도로 이동하는 것으로 묘사된다. 그야말로 영화 〈타임머신〉에서 타임머신에 탄 사람이 목격하는 세계의 변화에 가까운 묘사이다.

아무튼 동일한 하나의 세계밖에 없다고 한다면 과거가 크게 달라질 수 있다고 하는 것은 모순이다. 시간여행자가 원래 있었던 세계와, 타임워프해서 이동한 세계는 같은 세계가 아니라고 생각해야 앞뒤가 맞는다.

다른 세계라면 아무리 과거를 바꿔도 그 세계의 미래가 변화할 뿐이며, 그 인물이 원래 있던 세계의 미래와는 전혀 관계없다. 평행하게 존재하는 다른 세계이니 말이다. 두 세계를 오가면서 뭔가를 서로 비교해서 확인할 수 있는 수단이 없는 한 서로의 변화를 알아채지 못한다고 생각하는 것이 자연스럽다.

수차례 과거로 돌아가면 나는 여럿이 될까?

과거로 돌아가는 시간여행에서 마음에 걸리는 점이 또 하나 있다. 그것은 '수차례 같은 과거로 돌아가는 경우, 돌아갈 때마다 과거에 있는 내가 늘어날까?' 하는 점이다.

돌아간 과거의 세계가 같다면 전혀 이상하지 않은 자연스러운 발상이라고 할 수 있다.

〈백 투 더 퓨처〉도 2편에서 과거로 두 번째 시간여행을 했을 때 1편에서 과거로 되돌아간 자기 모습을 목격한다. 예를 들어 과거의 어떤 사건을 막기 위해 계속 시간여행을 하면 특정한 그 시각에 여러 명의 자신이 동시에 존재하게 된다.

〈12몽키즈〉에서는 동일 인물의 신체나 동일 물체 간의 접촉도 '패러독스'라는 폭발 현상을 일으키는 것으로 설정되어 있다. 미래의 손목시계를 과거로 보내서 같은 손목시계에 접촉하면 시공에 자국을 낼 정도로 큰 사건이 되어버리므로 절대 접촉하지 않도록 피한다. 이처럼 돌아간 과거가 평행세계의 다른 과거라고 하면 돌아갈 때마다 내가 늘어나지 않는다는 결론이 나온다. 평행세계에서는 원래 존재하고 있던 과거의 나와 우연히 만나도, 타임워프를 되풀이해도, 내가 여러 명이 되지 않는 것이 자연스럽다.

하늘을 나는 자동차가 실현되려면

시간여행과 직접적인 관계는 없지만 〈백 투 더 퓨처〉 2편에서는 드로리안이 하늘을 나는 차로 개량되었다. 이것은 미래에 하늘을 나는 기술 개발이 급격히 발달했기 때문이다. 스케이트보드도 바퀴가 없어지고 공중을 떠서 이동한다.

인류의 커다란 꿈으로, SF 작품에서는 종종 자동차가 하늘을 날아다니는 모습으로 미래를 묘사하는 경우가 많다. 도로

가 지상뿐만 아니라 3차원 공간의 하늘로 확대되면 여러모로 편리할 것이다. 그러나 정말로 필요한지 진지하게 생각하면 잘 모르겠다. 지상에서도 교통사고가 나는데 공중 이동을 한다면 대규모 재해사고가 일어날 위험이 더 높다. 하늘에는 도로처럼 이정표 따위가 없으므로 완전히 무법지대가 되어버리지 않을까? 그런 위험한 세계를 누구나 한 번쯤은 상상할 것이다.

하늘은 사고 위험이 크므로 무인 이동 수단, 예를 들어 드론 정도로 국한될 것이라고 생각한다. 드론 역시 멋대로 하늘을 이동함으로써 사생활 문제나 불법 침입 문제가 많아질 것이다. 선택지가 늘어나면 그것을 이용하는 과정에서 성선설만으로는 설명할 수 없는 다양한 범죄도 늘어날 것이므로 긍정적인 면뿐 아니라 부정적인 면도 나타나 문제가 산더미처럼 커질 것이다.

그럼에도 차세대 기술로서 민간기업에서 기존 자동차 회사나 항공업계 출신 등을 중심으로 공중을 이동하는 차를 개발하는 것이 점차 실현 가능한 일이 되어가고 있다.

다양한 가능성을 모색하고 연구하는 것이 과학기술의 발전에는 반드시 필요하다. 단, 미래의 자신들이 그 기술을 사용하게 될 것이므로 빠른 시간 내에 사회적 리스크를 회피하는 새로운 규칙을 만들어내지 않으면 골치 아픈 상황이 벌어질 수 있다.

그런 관점에서 실현될 수 있다고 생각하는 미래 세계를 한 번쯤 상상해보는 것도 재미있을 것이다.

4장

과거로 돌아간 수사관에게 자유의지가 있을까?

– 〈데자뷰〉

〈데자뷰〉(2006)
"앞일을 안다고 생각해? 착각 마!"
– 더그 칼린

가장 리얼한 시간여행

다음으로 소개할 영화는 〈데자뷰 Deja Vu〉이다. 이 작품이 재미있는 점은 '여러 번 타임워프를 했다'는 것을 드러내지 않고 느낌만 살짝 풍기는 연출이 상상력과 흥미를 북돋운다는 것이다. 이야기가 조금 복잡하므로 줄거리를 따라가면서 시간여행에 대해 생각해보자.

영화는 평화로운 해군의 출항 퍼레이드부터 시작된다. 그런데 갑자기 배가 폭발해 500명 이상 사망하는 사고가 발생한다. 사고 원인을 규명하기 위해 현장에 나타난 사람이 덴젤 워싱턴이 연기한 주인공 더그 칼린이다. 그는 ATF(미국주류담배화기단속국)에서 폭발물 취급 전문 수사관으로 일하고 있다.

사실 시간여행에 관한 중요한 장면은 더그가 처음 등장한 직후에 나온다. 더그가 벨 소리를 듣고 주머니에서 휴대폰을 꺼내는 장면이다. 이 영화를 볼 때는 반드시 세심한 주의를 기울여서 이야기를 따라가기 바란다.

얼핏 이 장면은 더그가 주머니에서 휴대폰을 꺼내 확인하는 것처럼 보일 뿐이다. 그러나 관점에 따라서는 가까이 있는 시신을 담은 포대 속에서, 더그의 휴대폰과 같은 벨 소리가 울리고 있는 것처럼 보인다.

다른 한편으로는 벨 소리를 들은 더그가 폴더를 다시 접자 시신 포대 속에서 휴대폰이 울린 것처럼 보이기도 한다. 포대 속에 든 시신은 시간여행을 하다 죽은 더그일까? 아니면 전화를 건 상대방일까? 영화는 시작한 지 10분도 채 지나지 않아 시간여행을 암시하는 복선이 깔린다.

이야기가 진행되면서 현장 증거를 통해 이것이 사고가 아님이 밝혀진다. 특히 더그는 사고 발생 전에 폭발이 일어난 장소에서 여성의 시신이 발견된 것에 의심을 품는다. 그것은 불에 탄 시신이었다. 더그는 그녀의 살해를 숨기기 위해 배 폭파 사건이 일어난 것이 아닌가 추측하고 죽은 여자의 집으로 향한다.

그녀의 집에 도착해 서둘러 수사를 시작한 더그는 기묘한 사건과 맞닥뜨린다. 더그 자신이 남긴 부재중 녹음 메시지를 들은 것이다. 그 연락처는 가택수사를 하기 전에 전언을 들었다는 동료의 메모에 적혀 있던 연락처였다.

메모를 남긴 상대가 시신으로 발견된 여성이라는 것을 알고 더그는 깜짝 놀란다. 심지어 그 집 곳곳에는 자신의 지문과 피묻은 거즈가 있었다.

물론 이것은 과거로 돌아간 더그의 것임을 영화 후반부에 알 수 있다. 그러나 스포일러도 포함하여 시간 순으로 말하는 것이 이해하기 쉬울 것이다. 말하자면 이미 한 번 과거로 시간여행을 한 자신의 흔적이 처음부터 현재에 편입되어 있다는 이야기다.

더그의 관점에서 사건을 통상의 시간축에 따라 시간 순으로 정리해보면 다음과 같다.

① 변사체로 발견된 여성의 집을 수사한다.
② 과거로 시간여행을 간다.
③ 과거에서 그녀를 도울 때 상처를 입고 그녀의 집에서 치료한다.

한편 영화 첫머리에는 미래의 귀결인 사건 ③에 의해 생긴 일이 이미 현재에 편입되어 그려지고 있다. 이런 묘사 방식은 인과율로 보면 시간여행의 가장 현실적인 시간 순이라고 할 수 있다. 영화 〈타임 패러독스 Predestination〉에서도 그와 같은 설정으로 묘사된다. 심지어 이 작품은 사랑에 빠지는 남녀와 두 사람 사이에서 태어난 아이까지 무려 셋이 모두 동일 인물이라는 기상천외한 설정이다.

시간여행에 의해 과거가 바뀐다면 그것까지 사건의 시계열에 이미 편입되어 있는 것이 가장 모순되지 않은 묘사 방법이다.

시간여행이 편입되지 않는 스토리를 쓴다면, 〈데자뷰〉에서는 가택수색 중에 자신의 혈흔이 묻은 거즈가 발견되지 않는다. 증거품을 모두 압수해서 경찰서로 가져가고, ②와 ③을 행한 후에, 그것들을 다시 한 번 살펴보면 새로이 자기의 혈흔이 묻은 거즈가 증거품 속에 멋대로 들어 있어서 세상이 바뀐 모습을 목격하게 될 것이다. 하지만 이런 변화는 인과율과 모순되므로 이미 과거의 일부로 편입되어 있는 것이 자연스럽다.

심지어 〈데자뷰〉에서는 이미 한 번 과거로 돌아간 흔적이 있으므로 첫머리에서 활약하는 더그는 적어도 두 번째 시간여행자인 셈이다. 머릿속이 혼란스러울 것이다. 하지만 이 영화는 정말 흥미진진하다. 그녀의 집 보드에 남아 있던 'U CaN SAVe heR(너는 그녀를 구할 수 있다)'라는 메시지도 최초에 과거로 돌아간 더그가 현재의 더그 자신에게 쓴 것으로 보인다.

과거를 보는 기술

이야기가 진행되면서 시간여행을 개발한 FBI 특수부서가 등장하는데, 그곳에서는 과거 자체를 볼 수 있다고 한다. 처음에는 단순히 영상기술을 구사하여 입체적으로 재구성된 생생한 과거의 녹화 영상을 볼 수 있다고 설명한다. 영상으로 돌려 볼 수 있는 것은 4일 반 이전까지다. 또한 어떤 순간을 확인할 수 있는 것은 딱 한 번, 딱 한 곳뿐이며 빨리 감기도, 되돌려 감기도 할 수 없다.

한편 시점은 마음대로 바꿀 수 있으므로 4일 반 전의 어떤 지점을 관측해야 하는가 하는 문제가 있다.

더그는 시체로 발견된 여성 클레어를 먼저 보아야 한다고 조언했다. 그러자 범인인 듯한 인물과 클레어가 전화로 이야기하는 모습이 영상에 나타난다. 이 정보를 실마리로 삼아 사건이 일어나기 전에 용의자의 발자취를 찾아낼 수 있었다.

여기까지는 단순히 녹화 영상으로 과거의 사건을 관찰할 뿐이었다. 그러나 직감이 뛰어난 더그가 레이저 포인터를 화면에 갖다 대자 녹화 영상 속의 클레어가 포인터의 빛에 주목한다. 더그는 장치가 과거의 세계에 간섭하고 있음을 깨닫는다. 영상이 아니라 현실의 과거가 눈앞에 있다는 것을 밝혀내는 것이다.

여기서 과거를 보는 기술에 대해 잠깐 이야기해보자.

과거를 보기만 한다면 타임머신은 필요 없다. 우주에서는 거리가 멀어질수록 과거의 정보를 관측하는 셈이 된다. 말하자면 지구가 공룡시대일 때의 우주를 알고 싶다면 1억 광년 떨어진 우주를 관측하면 된다. 다섯 번째 중력파(블랙홀과 블랙홀, 또는 중성자별과 중성자별이 충돌하며 생기는 시공간을 뒤흔드는 파장 - 옮긴이)가 관측된 것은 1억 3천만 광년 떨어진 바다뱀자리 방향에 있는 중성자별의 쌍성에서 발생한 신호로 며칠 동안 계속되었다. 이 현상도 지구가 백악기 시대일 때의 며칠을 지금 관측하고 있는 셈이다.

물론 이것은 공룡시대의 지구가 아니라 다른 천체의 과거 모습을 보고 있는 것뿐이다. 하지만 이 원리를 이용하면 공룡시대 지구의 모습도 관측할 수 있다. 예를 들어 1억 광년 정도 떨어진 별에 지구의 모습을 관측할 초초고정밀도의 분해 성능을 가진 망원경을 설치할 수 있다면 상대적으로 지구의 백악기 모습이 비칠 것이다. 단, 그렇게 먼 곳에 관측 장치를 어떻게 설치할 것인가, 그리고 거기서 얻은 정보를 어떻게 지구로 1억 년이 걸리지 않고 전달할 것인가, 하는 최소 2가지 문제가 남는다.

설치하는 문제에서 허구성이 강한 시나리오는, 먼 거리에 있는 어떤 우주인에게 이 장치를 설치해달라고 하는 것이다. 지구인도 상대방의 행성을 고정밀도로 분해해서 관측하는 장치를 설치한다. 그렇게 해서 서로 알고 싶은 정보를 초광속으로 거래하는 것이다. 하지만 이때도 빛의 속도를 넘어서는 초고속 통신기술이 필요할 것이다.

그러면 초광속 통신을 실현할 가능성이나 시나리오는 존재할까? 가능한 방법 중에 하나로 1장에도 나왔던 웜홀을 이용하는 것이다. 웜홀을 이용하면 순간적으로 공간의 거리를 뛰어넘어 다른 위치로 빛을 이동시켜서 통신할 수 있다. 다만 이것 역시 앞에서 말했듯이, 통과할 때의 마이너스 에너지 문제나 웜홀이 아직 이론에 불과하다는 등의 커다란 과제가 남아 있다.

또 한 가지는 조금 비현실적이긴 하지만 타키온Tachyon이라는 가상 입자를 이용하는 방법이다. 타키온은 이론적으로 빛을 뛰어넘는 속도를 가질 수 있는 입자다. 상대성이론에서 빛의 속도는 자연계에서 최고 속도이자 한계치이지만, 이론상으로는 빛의 속도를 뛰어넘는 특수 입자를 도입하여 상대성이론을 확장할 수는 있다. 그러나 타키온의 질량은 허수虛数라는, 현실에 없는 값을 나타낸다.

타키온이 존재하여 초광속으로 이동했다 해도 그것을 관측할 수 있는지는 다른 문제다. 타키온을 관측하고, 심지어 그것을 조작할 수 있다고 가정한다면 초광속이므로 인과율을 깨는 통신이 가능하다.

예를 들어 잘만 설정하면 미래에서 과거의 자기에게 메시지를 보낼 수도 있다. 유감스럽게도 그러한 설정을 자세히 설명할 만한 현실적인 아이디어는 떠오르지 않는다. 그러나 '경마 결과'를 과거의 자기에게 알려주고 '당첨 마권을 사는' 일이 이론적으로는 가능하다.

이런 식으로 과거에 개입하면 과연 어떤 결과가 생길까? 이 책에서 다루는 테마 가운데 하나인 역사의 변화가 어떻게 될지 궁금하다. 내가 생각하기에는 인과율이라는 시간의 흐름이 변하지 않을 것이므로 과거의 자기에게 당첨 마권을 알려준다 해도 어떤 문제가 생겨서 '절대 사지 못하게' 되지 않을까 싶다. 이른바 금지 행위가 일어나지 않도록, 시공 전체에서 감시하는 어떤 힘이 작동하지 않을까?

이야기가 잠시 엇나갔다. 영화 이야기로 돌아가자.

소화불량에 걸린 결말

과거에 간섭할 수 있다는 것을 알게 된 더그는 과거로 메모를 보내려고 한다. 용의자가 나타나는 장소와 시각을 과거의 자신에게 전달하려는 것이다. 그러나 과거로 보낸 메모는 더그 자신이 아니라 동료인 래리가 보게 된다. 메모를 보고 수상하게 생각한 래리는 범행 전의 현장으로 달려가지만, 거기서 용의자와 맞닥뜨려 총에 맞고 차에 실려간다.

더그는 동료를 총으로 쏜 용의자의 아지트를 알아내려고 영상으로 범인의 차를 추적하기 시작한다. 그러나 범인은 장치의 관측권 밖으로 가버린다. 그러자 더그는 과거를 볼 수 있는 휴대형 특수 고글을 쓰고 직접 차를 몰아 범인을 추적해서 결국 아지트를 찾아낸다.

아지트에는 구급차가 돌진하여 폭발을 일으키고 불에 탄 잔해가 있었다. 한편 고글에는 래리를 잡아끄는 용의자의 모습과 아직 화재가 발생하기 전의 아지트가 비친다. 더그는 영상을 토대로 범인의 발자취를 따라가지만, 필사적인 추적도 허무하게 래리가 최후의 일격을 당한다.

그 후 수사는 일단 현실 세계의 통상적인 방법으로 바뀐다. 추적 끝에 범인의 얼굴을 알아내고 큰 어려움 없이 범인을 특정하여 체포한다. 더그는 상사로부터 수사가 종료되었다는 말을 듣는다.

여담이지만, 범인 역의 제임스 카비젤 James Caviezel은 미국 드라마 〈퍼슨 오브 인터레스트Person of Interest〉에서 미래를 보고 잠재적 범죄를 막는 주인공 수사관을 연기했다. 과거와 미래를 다룬 두 작품에서 악인과 선인 역을 맡다니 꽤 재미있는 우연이다.

시간여행은 인체에 아무런 영향을 미치지 않을까?

그러나 여기서 사건이 해결되었다고 기뻐할 더그가 아니다. 그가 원하는 것은 자기가 과거로 돌아가서 사람들이 죽지 않게 하는 것이다. 그래서 메모를 과거로 보낸 그 방법으로 자신이 직접 과거로 가려고 한다.

〈데자뷰〉의 시간여행은 대사 등으로 추론해보면 웜홀 같은 터널을 만들어서 과거로 보내는 것 같다. 단, 영화에서는 이 터널을 통과할 때 심박이 멈추는 것으로 설정되어 있다. 아주 참신한 설정이다. 다른 SF 작품에서도 알몸으로 이동한다거나 구토하는 묘사가 있지만, 여기서는 과거로 가는 동시에 소생시켜야 한다. 영화에서는 전송되는 과거의 장소를 병원 수술실로 지정하고, 가슴에는 '소생시켜 주세요'라는 메시지까지 적혀 있다.

이처럼 양자 수준으로 분해되거나 심장이 멎는 등, 시간여행을 상당히 위험한 것으로 묘사해 다른 작품과는 전혀 다른 현실감을 느낄 수 있다.

미래가 바뀌는 타이밍

더그는 범행 당일 아침으로 시간여행을 한다. 이제 과거의 세계에서 범행에 휘말리는 클레어를 구하는 스토리가 전개된다.

이야기를 진행하기 전에 궁금한 것에 대해 조금 생각해보자. 그 후 더그를 과거로 보낸 직원의 상황은 어떨까?

그들의 세계는 어떻게 될까? 앞에서도 언급한 것 중 하나로, 〈데자뷰〉에서는 실시간으로 과거의 변화를 관측하면서 현실의 변화도 관측할 수 있다. 지금까지 없었던 설정이다. 예를 들어 직원 바로 옆에 클레어의 시체를 가져와서 동시에 과거의 더그가 활약하는 모습을 관측하는 것이다.

더그가 무사히 그녀를 구하고 테러를 막았다면 옆에 있는 시체는 사라져버리거나, 마치 죽지 않았던 것처럼 갑자기 숨을 다시 쉴 것이다. 물론 평행세계로 말하자면, 더그가 바꾸고 있는 것은 원래 세계와는 전혀 관계없는 과거의 세계이므로 옆에 있는 시체가 눈을 뜨는 일도, 테러로 사망한 희생자가 소생하는 일도 없다.

여기서는 같은 세계인 경우에는 어떻게 될지 생각해보자. 문제는 과거로 시간여행을 한 더그의 행동이 어떤 시점에서 현실에 어떤 변화를 주는가, 하는 점이다. 4일 반 전으로 돌아간 더그의 활약을 관측하고 있는 직원들이 클레어를 구했다고 판단할 수 있는 시점에서 현실 세계의 바로 옆에 있는 그녀의 시신이 다시 살아날까? 테러의 표적이 된 배의 폭발을 막은 시점에서 일제히 희생자들이 이 세상으로 살아 돌아올까?

영화에서는 그렇게 연출할 수도 있지만, 곰곰이 생각해보면 그렇게 되지는 않을 것 같다. 그것은 되살아나지 않는다는 의미가 아니라 과거가 바뀌는 시점과는 상관없이 현실은 바뀌어 있어야만 한다는 것이다. 일주일 전의 과거가 바뀌든, 1시간 전의 과거가 바뀌든, 현재의 사람에게는 똑같이 '과거'일 뿐이다. 과거가 바뀐 시각의 차는 현재의 변화와 관계없기 때문이다. 과거의 변화가 단숨에 현재의 변화에도 영향을 미치지 않으면 앞뒤가 맞지 않는다. 즉, 더그의 활약으로 어떤 결말을 맞이할지 확인하기 전에, 과거로 보낸 시점에서 이미 옆에 있는 클레어의 시신이 다시 숨을 쉬지 않으면 이야기가 이상해진다. 현실은 단숨에 바뀌어야 하며, 그것은 과거에서 활약하는 더그의 행동으로 결말이 어느 정도 정해져 있다는 말이기도 하다.

이 경우, 관측하고 있는 직원은 그녀를 구할 수 있는가 하는 결말을 이미 현실의 변화로서 알고 있는 반면, 과거로 돌아간 더그는 미래의 자기 행동과 그것의 결말을 전혀 모른다. 그러면 이 시점에 심술궂은 직원이 가짜 정보를 더그에게 보내서 테러를 막지 못하는 결말을 지시한다면 어떻게 될까? 그 순간에 다시 한 번 현실 세계가 변화할까?

시간여행자의 자유의지

가짜 지시 때문에 현실 세계가 다시 변하지는 않을 것이라고 생각한다. 더그를 과거로 보낸 시점에서 현실은 이미 과거의 모든 행동의 결과로서 단숨에 변화할 것이기 때문이다. 가짜 지시에 따르는 더그의 행위까지 포함해 과거에서 일어난 일들의 결과로서 바뀌어 있을 것이다. 현실에서 역사가 바뀌어 있는 한 과거의 더그를 아무리 조종해도 어떤 원인에 의해 그 가짜 지시에 따르지 않는 더그의 미래가 이미 운명 지어져 있지 않을까? 영화에서 가장 생각하기 쉬운 시나리오는 뭔가 이상하다는 것을 깨달은 더그가 테러를 막지 말라는 지시를 무시하고 스스로 행동한다는 것이리라. 그러나 이 자유의지조차 이미 편입되어 있는, 이른바 운명 지어진 행위라는 상상이 떠오른다.

똑같은 설정으로 이번에는 '과거와 현재'가 아니라 '현재와 미래'로 치환해서 생각해보자.

미래에 시간여행이라고 부르지는 않아도 과거를 보며 어떤 지시를 내릴 수 있는 시스템이 있다고 가정하자. 미래인에게 현재를 사는 우리의 모든 행동은 이미 일어난 과거이다. 우리의 자유의지에 따랐다고 여겨지는 행동도 미래인이 보기에는 운명 지어진 것이다. 현재를 사는 우리의 미래 행동이 이미 정해진 것으로 자유롭게 정할 수 없다는 것이다. 그렇다면 이 경우도 자유의지는 본질적으로 바꿀 수 없다는 느낌이 든다.

단, 현재의 우리가 앞으로 어떤 행동을 할지는 자기가 정할 수 있지만, 미래의 결과로서는 이미 정해져 있는 상태이다.

한편 평행세계의 다른 과거와 접촉하고 있을 뿐이라면, 양자는 전혀 관계없으므로 깔끔하게 이해할 수 있다. 그러나 이러한 관점으로 보면 더그의 행위는 관측하고 있는 직원이 있는 현실과는 관계없는 것이 된다. 더그가 바꿀 수 있는 것은 직원이 남아 있는 세계의 현실이 아니라 더그가 이동한 다른 세계의 미래뿐이라는 것이다. 2개의 세계가 병행하고 아무 관계

없다면 그것은 꿈의 세계에서 다른 현실을 상상하는 것과 별반 다르지 않을 것이다.

더그의 행동은 제한된다

이제부터는 후반부, 범행 당일 아침의 사건을 해석해보자.

병원에서 소생한 더그는 구급차를 몰고 범인의 아지트로 향한다. 그는 현장에 도착하자마자 구급차 그대로 아지트에 돌진한다. 아마도 이때 그는 '그 구급차를 지금 자신이 운전한 것이었나' 하고 지금 자기의 행동이 시간여행 전의 세계에 이미 편입되어 있음을 깨달았을 것이다. 그리고 지금부터 아무리 노력해도, 그 사고가 일어나서 그녀가 사망하는 미래는 결정되어 있는 것 아닌가 하는 불안이 솟구쳐 오를 것이다. 뒤의 장면에서 그런 대사를 한 번 내뱉는다. "큰일났군. (아무것도) 변하지 않았어."

더그는 아지트에 감금되어 있던 클레어를 무사히 구출하고, 두 사람은 더그의 부상을 치료하기 위해 클레어의 집으로 향했다. 집에 도착하자 더그는 총상을 입은 부위의 피를 거즈로 닦아내고 처음에 그녀의 집에 들어갔을 때의 현장을 완전히 재현하듯이 행동한다. 그리고 보드에 있던 자석을 '너는 그녀를 구할 수 있다'는 메시지로 재배열한다.

여기서 실험적으로 자기의 미래 행동을 거꾸로 하면 어떻게
될까? 예를 들어 더그는 이 시점에 보드의 메시지는 자기가 재
배열한 것임을 알아차리고 있다.

그때 일부러 재배열하지 않고 메시지를 남기지 않았다면 어
떻게 될까? 지금의 행동이 시간여행 전의 세계에 편입되어 있
다고 한다면 다음 3가지를 생각할 수 있다.

① 더그의 행동은 결정된 사항이며, 자유의지로는 어떤 행동도
  취할 수 없다. 즉, 재배열을 하지 않겠다고 결심해도 재배열
  하지 않을 수 없는 상황에 빠진다.
② 그는 자신의 행동을 자유롭게 결정할 수 있지만 귀결은 달
  라지지 않는다. 예를 들어 보드의 메시지는 클레어가 재배
  열할 수도 있다.
③ 보드에는 구출 메시지가 없었던 것으로 자신의 기억이 바
  뀐다.

①의 모든 행동이 결정되어 있다는 것이 가장 무난한 해석이
다. 여기서도 시간여행을 했을 때 자유의지로 행동할 수 있는

가, 하는 문제가 생긴다.

영화 제목에는 이유가 있다

치료가 끝나자 두 사람은 폭파 사건 현장으로 향한다. 도착 후, 두 사람은 폭탄을 설치한 것으로 보이는 범인을 발견한다. 여기서부터 남은 20분은 최초의 시작부터 폭발 순간까지 재현된 영상을 다른 시점에서 보게 된다.

이 시점에서 미래는 어느 쪽도 될 수 있다. 악전고투했지만 결국 배는 폭발하고 두 사람은 죽어서 시체가 되어 과거의 더그에게 발견된다는, 지금까지와 아무것도 달라지지 않은 미래도 충분히 성립한다.

그럼 영화에서는 이야기가 어떻게 전개되었을까?

배는 폭발하지 않고 많은 사람들이 구출되었다. 한편 두 사람은 폭탄을 실은 차에 갇힌 채 바닷속에 가라앉았다. 클레어는 더그의 도움으로 겨우 살아나지만 더그는 차에서 탈출하지 못하고 폭발에 휘말려 죽는다.

클레어는 경찰관의 보호하에 조사를 받는데, 거기에 나타난 사람이 과거의 더그이다.

조사를 하던 더그는, 뭔가 마음에 걸리는 듯한, 기억나는 듯한 표정을 여러 번 보인다. 그러자 클레어는 '비밀을 털어놓았는데 상대방이 믿지 않는다면?' 하고 묻는다. 더그는 잠깐 틈을 두더니 '그래도 일단 해봐야지'라고 말한다. 그러고는 갑자기 뭔가를 깨달은 듯한 표정으로 웃으며 '설마!(이건 데자뷰)' 하고 영화가 끝난다. 사실은 클레어의 집에서 두 사람은 똑같은 대화를 나누었던 것이다. 괄호 부분은 나의 상상이다.

영화에서는 일부러 '설마!'까지만 말한다. 다른 시간축의 자기와, 시간여행을 한 자기의 기억이 뒤죽박죽 섞여서 데자뷰가 되었다는 분위기를 풍긴다. '이전에도 이런 일이 있었던 것 같은데' 하고 느껴지는 데자뷰를 경험할 때, 사실은 다른 세계에서 자신이 이렇게 엄청난 시간여행을 경험하고 있다고 생각하면 재미있을 것이다.

더그는 몇 번째 시간여행자였을까?

영화 첫머리에 등장하는 시체 포대 속의 인물에 대한 이야기로 돌아가 보자. 이것은 과거로 간 더그가 아닐까? 영화의 대부분에서 그려지고 있는 것은 두 번째 시간여행을 하는 더그이다. 그전에 적어도 한 번은 더그가 시간여행을 했지만, 범인을 체포하거나 클레어를 구하지 못하고 테러를 막는 데 실패하고 죽어버렸다는 것이다. 어쩌면 이 구출을 위해 몇 번이고 시간여행을 하고 있을 가능성도 있다.

마지막 장면에서 더그의 앞날에 대해 잠깐 생각해보자. 그는 다시 한 번 시간여행을 하게 될까?

적어도 익사체 중에서 자기의 시체를 맞닥뜨리는 신기한 체험을 할 것 같다. 이것을 수상쩍게 여겨 사건을 파헤치다 FBI 특수부서에서 타임머신을 소개받을지 모른다. 그리고 결국 과거로 여행을 떠나고 다시 한 번 거기서 사망한다는, 일종의 타임루프Time Loop 같은 운명에서 도망칠 수 없는 구조가 될지도 모르겠다. 더구나 테러는 미리 막을 수 있었으므로 배에 탄 사람들은 무사하지만, 막상 중요한 동료 래리는 죽은 채 발견되었으니 그를 구하기 위해 다시 한 번 과거로 돌아가는 것이 자연스러운 흐름일 수도 있다.

이러한 것을 바탕으로 찬찬히 살펴보면 〈데자뷰〉가 더욱 심오한 이야기로 느껴질 것이다. 그 밖에도 이 영화에는 적어도 같은 시각에 2명의 더그가 존재하며, 우연히 과거로 향한 더그와 원래 과거에 존재하던 더그가 접촉하지 않았다는 부분도 대단히 흥미롭다. 〈12몽키즈〉에서는 2개의 동일한 존재가 서로 닿기만 해도 폭발, 소멸해버리는 '패러독스'라는 가공의 현상이 설정되어 있다. 입자·반입자의 소멸 같은 묘사에 가까우며, 소립자 물리학적으로 뭔가 재미있는 일이 일어날지도 모른다고 기대했다. 예를 들어 물질을 구성하는 페르미Fermi라는 입자는 동일한 공간에서 겹칠 수 없다는 파울리 배타 원리Pauli Exclusion Principle를 갖고 있다. 이것이 직접 패러독스로 이어지는지는 명확하지 않지만, 지금까지 물리학이 전혀 상정하지 않은 '동일한 시각에 동일 입자의 중첩'은 흥미롭다.

과거의 자기와 접촉하는 이야기를 그린 작품으로는 데즈카 오사무手塚治虫의 〈불새(이형편)〉도 있다. 주인공은 어떤 절의 주지스님을 죽이러 간다. 그런데 주지스님을 살해하고 그 절을 나서자 시간이 과거로 돌아가 있음을 깨닫는다. 주인공은 거기서 승려가 되어 언젠가 찾아올 자신에게 살해당할 날을 기다린다. 앞에서 나온 패러독스를 인과응보에 빗대어 루프하는 비참한 운명을 이야기하고 있다. 시간여행이 일으키는 이런 불가사의한 모순에 대해 잠시 영화를 멈추고 곰곰이 생각해봐도 좋을 것이다.

3장

'역행'이라는
새로운 시간여행

- 〈테넷〉

〈테넷〉(2020)
"일어난 일은 일어난 일이다."
- 주도자

시간을 역행한다

시간을 되돌아가는 SF 작품으로 참신한 묘사가 돋보이는 영화가 〈테넷TENET〉이다.

영화는 시간을 역행하는 현상을 소재로 하고 있다. 지금까지 워프하여 과거로 단번에 뛰어넘는 것과 달리 시간이 역행하는 세계로, 실제로 시간의 경과를 체감하면서 과거로 돌아간다.

간단한 줄거리는 주인공이 세계를 구하기 위해 파트너 닐과 협력하여 어떤 악인을 잡는다는 것이다. 총격전을 벌이고 잠입도 하고 자동차 추격전도 펼치며 극중에서 몇 번이나 적과의 전투가 벌어지는데, 적 가운데는 미래의 자신도 있다.

'테넷'이라는 제목은 원래 수수께끼의 고대 회문回文에서 따온 것이다. 이것은 서기 79년에 이탈리아 베수비오 화산의 분화로 사라진 마을의 유적에서 출토된 석판에 새겨져 있다. 200명 이상 소멸한 폼페이 근처에 있었던 에르콜라노Ercolano(헤르쿨라네움)라는 마을이다.

테넷의 영문은 왼쪽에서 읽든 오른쪽에서 읽든 똑같은, 이른바 회문에 해당한다. 석판에는 SATOR, AREPO, TENET, OPERA, ROTAS라는 5개의 문자열이 오른쪽부터 세로로 배열되어 있으며, 가로 방향으로 읽든 세로 방향으로 읽든 똑같

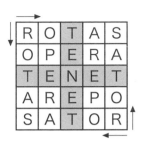

에르콜라노에서 발견된 석판의 문구

다. 직역하면 '씨 뿌리는 아레포는 수레를 조심스럽게 잡는다' 는 뜻인데, 그 이상으로 심오한 의미가 있다고 여겨져 일종의 부적처럼 믿고 있는 것이다.

이 회문은 영화의 테마인 시간의 역행과도 연관되어 있다. 석판의 문자도 영화에 그대로 등장한다.

SATOR(세이토) = 인류를 파괴하려는 조직의 우두머리 이름

AREPO(아레포) = 고야의 그림을 위조한 사람의 이름

TENET(테넷) = 과거로 돌아가기 위한 장치? 조직의 이름?

OPERA(오페라) = 영화 첫머리의 오페라

ROTAS(로타스) = 영화에서 오슬로 공항에 미술창고를 지은 회사

또한 파트너 닐의 정체도 이 회문에 힌트가 있다.

파트너 이름의 유래

주인공은 세계를 지키는 동시에 캣이라는 이름의 여주인공과 그의 아들을 지킨다.

이것은 여담인데, 주인공을 연기하는 존 데이비드 워싱턴은 〈데자뷰〉의 주인공 덴젤 워싱턴의 아들이다. 아버지와 아들이 나란히 시공을 여행하여 세계와 미녀를 구하는 영화에 출연하다니 정말 인과관계 같은 인상을 받는다.

그리고 여주인공 캣의 아들은 얼굴이 한 번도 화면에 비치지 않는다. 뒷모습이나 금발만 보일 뿐이다. 영화 팬들은 이 소년이야말로 훗날 주인공의 파트너가 되는 닐이 아닐까, 지목하고 있다.

주인공은 미래에 닐이 되는 소년을 구하고 있다는 것이다. 또한 닐이야말로 임무 수행 때 과거로 돌아가서 자기를 구하는 인물이기도 하다. 그렇다면 '소년을 구하고, 미래의 소년에 의해 구해진다'는 일종의 회문 스토리로 볼 수도 있다.

일종의 도시 전설 같은 이야기의 근거가 캣의 아들 이름인 '맥스'이다. 정식 이름은 '맥시밀리언Maximilien'인데 회문처럼 뒤에서 읽으면 처음 4개의 글자가 'Neil(닐)'이다. 심지어 'Maximilien'을 분해하여 'Max-imi-lien'이라고 구획을 나누고 앞뒤에서 각각 'Max I'm'과 'Neil I'm'으로 읽을 수도 있고, 'm'을 사이에 두고 각각의 문구가 이어진 것처럼 되어 있다. 꽤 설득력 있는 영화의 숨은 설정이 아닐까.

일반적인 시간여행

〈테넷〉의 이야기를 시간여행으로 좁혀보자.

첫머리에서도 썼던, 시간을 역행한다는 것은 무엇일까? 지금까지의 시간여행에서 시간의 흐름을 다시 한 번 복습하면서 정리해보자.

오른쪽 그림 맨 위칸의 화살표는 일반적인 시간의 흐름이다. 고립계에서는 언제나 엔트로피가 증가한다는 법칙이 우주 전체에 성립한다. 이 세계에서는 인과율에 의해 모든 현상이 원인에 의한 결과로 나타난다. 예를 들어 컵이 쓰러지는 것을 상정하면, A: 컵이 쓰러짐으로써, B: 주스가 쏟아져서, C: 바닥이 더러워진다.

두 번째 화살표는 보통 생각하는 시간여행으로 타임워프라고 할 수 있다. 과거의 어떤 시점으로 날아가서 일반적인 시간의 흐름에 따른다는 것이다. 〈백 투 더 퓨처〉 등 일반적인 시간여행은 대부분 이 방식이다. 컵이 쓰러져서 주스가 바닥에 쏟

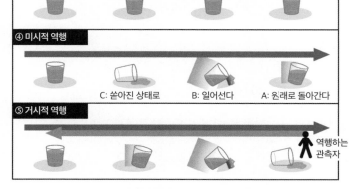

시간여행의 종류와 시간의 흐름

아진 다음 쓰러지기 전의 시점으로 돌아간다는 것이다.

세 번째 화살표는 〈데자뷰〉에서 설명한 평행세계로 타임워프를 하는 것이다. 두 번째와 기본적으로 비슷하지만 두 번째는 미래에서 워프한 것이, 그 세계의 과거 역사에 그대로 편입되어 있으므로 커다란 변화가 불가능하다. 세 번째는 가장 자연스럽게 영화처럼 과거를 바꾸는 타임워프가 가능하다.

원래 X와 Y라는 2개의 세계가 존재하고, X의 현재에서 과거로 워프하면, X의 과거가 아니라 Y의 과거로 이동한다. 거기서 역사를 크게 바꾸어도 변화하는 것은 Y의 현재라는 것이다. 이렇게 하면 전체(시간여행 전후의 세계)도 모순이 생기지 않는 구조가 된다. 주스가 쏟아진 후에 시간을 되돌려서 도착한, 컵이 쓰러지기 전의 세계는 원래 세계와 동시에 존재하는 다른 세계이다.

시간을 역행한다는 것은

여기까지는 〈테넷〉 이전의 SF 영화에서 많이 볼 수 있었던 2가지 타임워프를 이야기했다. 이제부터는 이번 주제인 시간 역행에 대해 이야기한다.

시간 역행도 타임워프와 마찬가지로 2가지 유형이 있다. 〈테넷)에는 2가지 모두 등장하므로 하나씩 살펴보자.

첫 번째는 양자역학을 대표로 하는 미시적인 시간 역행이다. 이것은 원래 소립자 수준의 현상이며, 양자컴퓨터의 엔트로피가 역행하는 현상이다.

네 번째 화살표가 미시적인 시간 역행에 해당한다. 예를 들어 주스가 쏟아지는 현상에 관해서만 엔트로피의 역행이 일어나면 결과가 선행하고 마지막에 원인이 온다는, 시계열의 역전이 나타난다. 즉, C → B → A가 된다.

전후 시간도 포함해 전체의 흐름도 살펴보자. 우선 역행의 마법이 걸린 컵이 눈앞에 있다. 이것을 손에 잡은 순간이 현재이다. 다음 순간 갑자기 바닥으로 쏟아진 주스, 즉 C의 상태가 된다. '앗!' 하고 그 시간적 공백에 놀라겠지만 당황할 필요는 전혀 없다. 곧바로 B가 되어 A로 돌아온다. 아무 일 없었다는 듯이 원래 상태로 돌아오는 것이다. 그 후에 다시 주스가 쏟아지는 것도 생각할 수 있지만, 그러면 재생을 반복하는 루프 현상이 되어버린다. 간단하게 결론과 원인이 역순으로 일어나 원래로 돌아가서 끝나고, 그다음은 그저 일반적인 시간의 흐름이 될 뿐이다.

미시적인 역행이란 이처럼 어떤 작은 현상의 순서가 역전한 것일 뿐이므로, '미래의 예언'이 일어나도 최종적으로는 아무 일도 없었던 것과 같다. 이런 여행은 〈테넷〉에도 종종 등장하는데, 결론이 먼저 나타나므로 사실은 무서운 장면인데도 전혀 무섭지 않다. 예를 들면 총알흔이 벽에 새겨진 장면으로 시작되는데, 벽에 피가 묻어 있지 않다면 이 총격전에서 아무도 총에 맞지 않았다는 것을 미리 알아버린다. 그 뒤는 단지 시간 흐름에 따른 행동인 것이다.

역재생을 인식할 수 있을까?

또 하나는 거시적인 시간 역행이다. 이것은 사이클릭 우주론 Cyclic Universe Theory으로 설명할 수 있다. 이 이론으로 설명되는 세계는 시간의 시작 따위 없이, 시간의 순행과 역행이 번갈아 반복되며, 역행할 때는 모든 현상이 통상의 역행으로 진행된다. 이른바 우주 전체의 역재생 상태이다. 정확히 말하면 시간의 순행과 역행을 인식할 수 있는 것은 (우주 바깥의) 관측자뿐이다. 처음부터 이 세계에 사는 사람은 역행인지 아닌지도 깨닫지 못한다. 비교할 수 없기 때문이다.

엔트로피가 증가하는, 즉 통상적으로 시간이 흐르는 세계에서 시간이 역행하는 것을 관측하려면 엔트로피가 감소하는 세계에 사는 사람이 이쪽으로 와서 봐야 한다. 예를 들어 뒤로 가는 차들이 잔뜩 있는 세계에 당신이 섞여들었다고 해보자. 차가 역방향으로 달리고 있으면 당신은 놀라겠지만, 그 세계에서는 모두가 뒤로 달리는 차를 당연하게 인식하고 있다. 당신이 아무리 이것은 시간이 거꾸로 흐르고 있는 세계라고 주장해도, 당신이 원래 있던 세계의 시간의 흐름과 사물의 변화가 자연스럽다는 것을 모르는 그 세계 사람들은 시간이 역행하는지, 부자연스러운 움직임인지 알아차릴 수 없는 것이다.

영화에서는 역행의 설정으로 이 세계에 시간이 역행하는 세계의 물건이나 시간을 역행하는 상태의 관측자가 나타난다. 다섯 번째 화살표에 해당하며 보통 세계의 시간의 흐름을 나타내는 화살표와 역방향 화살표를 따르고 있는 관측자가 동시에 존재한다는 것이다. 오로지 이 관측자만이 시간이 역행하는 세계를 볼 수 있다. 과학적으로는 상당히 비약적인 역행이다. 그러나 〈테넷〉에서는 어떤 장치를 이용하면 자신이 엔트로피가 역행하는 상태가 될 수 있으며, 현실 세계에서 시간 역행으로 활동할 수 있다. 이것이 과거로 돌아가는 열쇠가 되는 것이다.

영화에서는 관측자가 시간 속을 워프하지도 않는다. 그저 관측할 뿐이며 상대적으로 자기 외에는 모두가 시간의 역방향으

로 진행된다. 이것을 이용하여 '시간 역행=과거로 돌아가는 것'
이 성립된다. 단, 특정한 과거로 돌아가려면 그 시간만큼 기다
려야 한다. 일주일 전의 과거로 돌아가고 싶다면, 시간이 역행
한 세계에서 일주일을 지내야 한다는 것이다.

아무리 생각해도 마음에 걸리는 설정

〈테넷〉에서 '양전자는 역행하는 전자'라는 대사가 나오는 것
으로 보면 아마도 반물질을 이용한 시간여행일 것이다. 그러나
어떤 인물의 원자 전부를 반입자로 한 경우, 우리 세계의 것(입
자)을 접촉한 순간 쌍소멸을 일으켜 사라져버린다. 대기 중의 분
자조차 그 인물을 말살하는 병기가 되는 것이다. 영화에는 마스
크를 쓰고 호흡하는데, 그 정도로는 해결할 수 없는 문제이다.

또한 시간이 되돌아가는, 즉 엔트로피 감소가 일어나려면 어
디까지나 고립계라는 대전제가 필요하다. 고립계란 에너지의
공급이나 발산 등 외부와의 교환이 전혀 없는 상태를 말한다.
예를 들어 어질러진 방을 내가 말끔히 청소하는 경우, 방의 상
태만 보면 엔트로피가 감소했다고 말할 수 있지만, 청소하는
내가(외부가) 손을 댄 것이다. 고립적이고 엔트로피가 감소해야
시간 역행이 가능한 것이다. 예를 들어 〈테넷〉처럼 엔트로피가

감소하는 것이 있더라도 그것에 접촉하거나 외계와 접촉한 단계에서는 고립계가 아니므로, 이런 점에서도 영화의 세계와 물리적 세계가 크게 다르다고 할 수 있다.

한편 이야기의 열쇠가 되는 '시간을 되돌리는 방법'을 보여주는 방식은 대단히 훌륭하다.

지금까지의 SF 영화처럼 간단히 스위치를 눌러서 돌아가는 것이 아니라 회전문 같은 원리로 역행하는 세계에 들어가는 연출이 흥미롭다. 회전문으로 연결되는 통로는 한쪽 벽이 유리처럼 되어 있어, 그 회전문에 들어갈 때는 문에서 나오는 미래의 자기가 역행하는 모습을 볼 수 있다.

시간이 앞으로 나아가는 상태와, 반전하는 시간이 역행하여 나아가는 상태가, 투명한 유리창 너머로 대칭되어 비쳐진다. 시간이 역전하는 전환점이 회전문이라는 연출에 의해, 시간의 터닝 포인트를 시각적으로 잘 보여준다. 그 밖에도 '역행하는 상태에서는 마스크를 쓰지 않으면 호흡할 수 없다'는 것을 일부러 설명하지 않고 세세하게 설정하여 연출한 것도 이 작품의 매력이다. 묘하게 현실감을 주기 때문이다.

4장

살인 기계는
5차원 세계를
여행해서 왔을까?

- 〈터미네이터〉 시리즈

〈터미네이터 - 사라 코너 연대기〉(2009)

"기계들이 결코 할 수 없는 것들이 있지."

- 사라 코너

기계와 인간, 어느 쪽을 보내기 쉬울까?

시간여행에서 전송물의 재구축과 시간여행의 새로운 방법론을 〈터미네이터 Terminator〉 시리즈를 통해 생각해보자.

〈터미네이터〉는 원래 영화로 시작되었는데 드라마 시리즈가 〈터미네이터: 사라 코너 연대기〉로 시즌 2까지 제작되었다. 인공지능이 발전한 미래에 반기를 든 로봇 군대와 살아남은 인류 저항군의 전쟁을 그린 것이다. 그러나 주로 보여지는 장면은 미래 전쟁보다는 미래에서 현재로 보내진 자객 로봇(터미네이터)과 주인공을 지키는 터미네이터의 공방전이다. 주인공 사라 코너의 아들은 미래에 저항군의 리더가 되므로, 미래의 로봇군은 아들이 태어나기 전으로 시간여행을 해서 아들의 출생을 막으려고 한다.

개인적으로는 드라마 스토리가 더 재미있다. 사라의 아들 존 코너가 청년기를 맞이하여 저항군의 리더가 되기까지의 성장 과정을 그리고 있기 때문이다. 또한 존을 지키려고 미래에서 보낸 터미네이터도, 아놀드 슈왈제네거 같은 무서운 아저씨가 아니라 카메론이라는 대단한 미모의 모델 터미네이터이므로, 얼핏 보기에 살인 기계인지도 알 수 없다. 이러한 의외성이 스토리의 확산성을 높여서 훨씬 흥미롭다. 그 밖에 영화는 시종

일관 진지하게 진행되는 데 반해 드라마는 간간이 코미디도 있고, 한가로운 학교 풍경도 들어 있어 이야기의 폭이 훨씬 넓다.

이 작품에는, 기본적으로 타임워프를 하면 전송된 곳에 갑자기 밝은 구체가 나타나고 미래에서 온 사자가 그 속에서 알몸으로 나타난다는 전형적인 연출이 등장한다.

여기서 타임워프 전송에 대해 다시 한 번 고찰해보자.

지금까지 타임워프의 원리는 적어도 양자 상태로 분해해서 전송되어야 한다고 이야기했다. 전송된 곳에서는 반드시 양자 상태의 미시적인 입자에서 거시적인 물체로 재구성되어야 한다.

전송하는 물질은 생물의 신체보다는 무기물의 금속을 재구성하기가 더 쉽다. 예를 들어 철은 딱 한 종류의 원소가 무수하게 나란히 배열되어 있는 단순한 구조인데, 유기체인 생물은 그렇지 않다. DNA 하나만 봐도 탄소, 수소, 질소 등 여러 종류의 원소를 복잡하게 입체적으로 구축해야 한다. 그러므로 거시적인 것(여러 입자로 이루어진 물체)을 전송하는 경우에는 물질이나 무기물이 훨씬 간단하다.

그렇게 생각하면 생물의 신체를 보내는 것보다 옷이나 무기를 보내는 것이 오히려 간단하다. 인간을 보내는 경우에 신체보다 입고 있는 옷을 전송하기 더 쉽다는 것이다. 전송된 곳에서의 재구성을 생각하는 한, 알몸은 전혀 의미가 없다. 신체를 재구성하는 기술이 있다면 옷 따위는 훨씬 쉽게 전송할 수 있을 테니 말이다.

워프한 곳의 연대를 알 수 있는 현실적인 방법

이 드라마에는 미래에서 잘못된 시간으로 전송되어버린 터미네이터 이야기가 등장한다. 시대가 수십 년 정도 어긋나서 금주법 시대의 미국으로 가버린 것이다.

앞에서도 다루었지만 돌아가려고 설정한 시각과 실제로 타임워프한 시각은 원래 크게 어긋난다. 〈12몽키즈〉에서도 일주일 단위로 어긋난다. 그 점에서는 수십 년 단위로 어긋나는 것도 납득할 만하다.

그런데 한 가지 의문이 생긴다. 이 터미네이터는 과연 잘못 전송된 시대나 연대를 정확히 측정할 수 있을까?

인간이라면 우선 신문을 보고 확인할지 모른다. 드라마에서는 '3개 별의 시선 방향의 속도를 측정하여'라고 설명한다. 이것은 대단히 좋은 아이디어다. '시선 방향의 속도'가 아니라 '고유 속도'라고 하는 것이 더 정확한데, 그 차이를 살펴보자.

우선 별자리는 지구의 1일 자전운동에 의해 하늘을 이동하는데, 알다시피 이것은 별의 이동이 아니라 별을 바라보는 지구가 이동하는 것이다.

지구의 자전이나 태양 주위를 도는 공전운동 등 다양한 시점에 의한 이동을 제외하면 별의 고유 운동을 알 수 있다. 이것이 별의 고유 속도다. 우주 공간에 정지하고 있는 것처럼 보이는 별도 사실은 엄청난 속도로 계속 이동하고 있다. 변하지 않는다고 생각되는 별자리 모양도 수만 년이라는 오랜 시간에 걸쳐서 보면 형상이 변한다.

이런 별의 고유 속도를 잘 조사해보면 우리로부터 일직선 방향으로 이동하고 있는 성질이 있다. 상대적으로 태양에 가까워지거나 멀어지고 있는 상태로, 이것이 시선 방향의 속도이다.

드라마에서는 별이 시선 방향(전후)뿐만 아니라, 상하좌우로 이동하는 모습이 그려지므로 이것은 어디까지나 고유 속도라고 봐야 한다. 이것을 정확히 측정할 수 있다면 원리상으로는 연대를 측정할 수 있다. 단, 아무리 미래의 기술로 만든 로봇의 정확한 관측이라고 해도, 하늘을 한 번 올려다보는 것만으로 저 멀리 있는 별의 고유 속도를 측정하기는 힘들다.

그보다 빠르고 현실적인 방법이 북극성 위치를 토대로 한 연대 측정이다. 북극성도 시대에 따라 변한다. 지금은 폴라리스라는 별이 북극성에 해당하는데, 지구 역사상 지축의 정북쪽에 위치한 별이 없었거나 다른 별이 해당하던 시대도 있었다. 예를 들어 이집트 고왕국시대 기원전 3000년 무렵에는 용자리의 투반Thuban이라는 별이, 미래인 서기 4000년 무렵에는 케페우스Cepheus 자리의 에라이Errai라는 별이 북극성에 해당된다.

왜 어긋나는지를 이해하려면 정지하기 직전에 축이 비틀거리며 도는 팽이를 상상해보자. 이것을 세차운동歲差運動이라고 한다. 지구도 장시간을 보면 이처럼 지축이 비틀거리며 회전운동을 하고 있으며, 지축은 언제나 일정한 방향으로 향하는 것이 아니라 원을 그리듯이 이동한다. 그러므로 지축이 가리키는 방향도 연대별로 다르고 북극성도 변하는 것이다. 이 주기는 약 2만 6천 년으로 추정하고 있다.

이처럼 북극성의 위치는 주기적으로 변화하고 있다. 시계를 상상해보자. 시곗바늘을 보면 바로 시각을 알 수 있는 것처럼 세차운동을 정확히 계산할 수 있다면, 도착한 시점의 북극성(지축이 가리키는 방향)으로 시대를 알아맞힐 수 있다. 단, 2만 6천 년 이상 어긋난다면 한 주기를 돌아버리므로 구별할 수 없다. 물론 거기까지 거슬러 올라가면 문명이 존재하지 않으니 훨씬 간단하게 알 수 있을 것이다.

또한 북극성의 위치는 일주운동의 부동점을 찾으면 되므로 하룻밤만 관측하면 알 수 있다. 사람이라면 북극성을 관측해도 연대를 정확하게 맞히기 어렵지만 터미네이터라면 높은 정확도로 관측하여 몇 년, 몇 달 단위로 연대를 측정할 수 있을 것이다.

시간여행의 비결

마지막으로 다시 한 번 시간여행의 방법론에 대해 생각해보자. 이미지로 그리기 힘든 이야기가 계속되지만, 소박하게라도 상상해보는 것으로 충분하다.

지금까지 워프에 의한 시간이동은 암암리에 웜홀 같은 터널을 이용했다. 그러나 시간과 공간이 하나로 결합된 4차원의 시공 다양체에서는 시간여행을 할 수 있는 아이디어가 반드시 그것뿐이라고 할 수 없다. 차원을 늘려서 이동하는 방법도 있다. 예를 들어 차원을 하나 늘린 5차원 다양체에서 이동하면 4차원 시공간에서는 마치 순간이동을 한 것처럼 보일 수도 있다. 원리상으로는 가능할지도 모른다.

좀 더 구체적으로 생각해보자. 고차원 우주를 설명하는 이론으로 통일장이론의 후보이기도 한 '브레인 우주론Brane cosmology’이라는 5차원 우주 모델이 있다.

이 모델에서는 먼저 우리가 존재하는 시공(3차원 공간+1차원 시간)은 ‘브레인(‘얇은 막’을 의미하는 ‘멤브레인membrane’에서 나온 용어-옮긴이)이라는 막 위에 편입되어 있다고 생각한다. 거기에서 생각을 좀 더 발전시키면 막 자체가 4차원 공간 방향으로 이동할 수 있다고 한다. 이것이 브레인 우주이다. 막 위에 있는 우리는 기본적으로 5차원을 관측하는 것이 불가능하며, 유일하게 이 차원을 전파할 수 있는 중력파를 통해 관측할 수 있다.(자세한 내용은 9장 〈인터스텔라〉 참고)

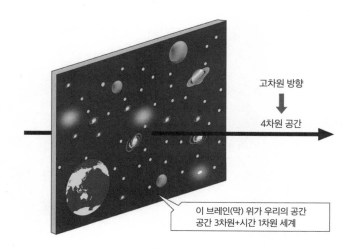

5차원 공간을 더한 브레인 우주론

아마도 이런 우주에 있으면, 4차원 공간 방향의 이동을 통해 단숨에 다른 장소로 이동할 수 있을지 모른다. 다만, 시간 이동, 즉 시간여행은 시간의 차원이 막 위의 우리와 같은 1차원에 있으므로 불가능하지 않을까 생각한다.

또 다른 특수한 모델로서 시간축이 2개인 우주도 있다. 이것을 5차원 축으로 선택하면 이 새로운 시간축을 이용하여 4차원 우주에서 다른 시간으로 이동할 수 있을지도 모른다.

공간으로 생각해보자. 지금까지 1차원의 직선 위에서만 이동할 수 있었던 것이 2차원 공간 방향이 증가하면 평면을 이동할 수 있다. 그러므로 경로를 잘 선택하면 직선상의 다른 장소로 이동하기가 쉬워진다. 다만, 멀리 가려면 그만큼 이동 거리도 길어진다.

이것을 시간으로 해석해보자. 오른쪽 그림에서 2차원 시간축을 이용해 과거로는 갈 수 있지만, 워프가 아니라 어디까지나 일주일 전이라면 일주일의 시간이 걸린다는 것이다. 어떤 의미로는 〈테넷〉에서 시간을 되돌리는 방법과 비슷하다. 여기에 웜홀도 추가할 수 있다면 시공 다양체의 거리를 줄일 수 있을지도 모르겠다.

이렇게 생각하면 고차원 이동을 했을 때 갑자기 밝은 구체

같은 것이 나타나는 일은 불가능하다는 생각이 든다. 의자에 앉은 사람이나 탈것이 갑자기 나타나기보다 공간 자체가 잘려서 난데없이 나타나는 연출이 더 그럴듯할 것이다. 이것은 어디까지나 개인적인 감상이다.

아무튼 시간여행이 어려운 가장 큰 이유는 이 세계의 시간축이 하나뿐이기 때문이다. 시간축이 2개 있다면 시간여행은 아주 쉬워질 것이다. 공간은 3차원인데 왜 시간은 공간과 대칭을 이루는 3차원이 아닐까? 곰곰이 생각해보면 참 신기한 느낌이 든다.

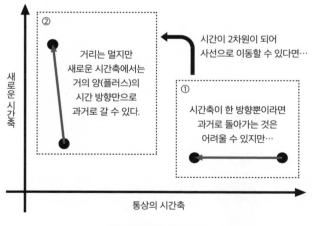

시간축이 2개인 우주 모델

5장

한없이 시간이
멈춘 세계를
느끼고 싶다면?

- 〈히어로즈〉

〈히어로즈〉(2006)
"내가 시공간의 연속체를 깼어!"
- 히로 나카무라

모든 것이 '멈추는' 세계는 가능할까?

지금까지는 시간 이동에 관한 테마를 다루었는데, 시간을 멈추는 테마에 관해서도 살펴보자.

미국 드라마 〈히어로즈Heroes〉에는 히로라는 일본인 캐릭터가 나온다. 히로는 시간을 멈추는 능력을 갖고 있다. 극중의 표현대로 하면 '시공간을 조종하는 능력'이다. 워프 같은 공간 이동도 가능하고, 시간을 거슬러 올라가는 시간여행도 가능하다. 심지어 목적지를 상상하는 것만으로 그러한 능력이 발휘된다. 그야말로 '히어로'라고 할 만한 무적의 캐릭터다.

단, 시간여행을 할 때는 도착 시간을 컨트롤하기 어려운지, 설정한 시각에서 상당히 어긋난 시간으로 가버리는 장면이 많다. 이것은 능력을 발휘하는 방법과 관련된 것 같다. 공간 이동을 할 때는 풍경의 차이나 나라의 이미지를 쉽게 상상할 수 있으므로 이동하려는 목적지를 컨트롤하기 쉬울 것이다. 그러나 과거나 미래의 시간으로 이동할 경우 버블 시대나 다이쇼 시대처럼 대략적으로는 상상할 수 있지만 세세한 연월일을 명확하게 상상하기는 힘들 것이다. 또한 시간여행을 하더라도 과거를 바꿀 수 있는지는 모호하게 그려지며, "결국 뭘 해도 바꿀 수 없군" 하고 중얼거린다.

한편 공간 이동과 시간을 멈추는 능력은 드라마 속에서 상당한 활약을 펼친다. 특히 시간을 멈추고 자기만 움직일 수 있는 공간에서 온갖 트러블을 피해간다. 비슷한 능력을 설정한 애니메이션 〈죠죠의 기묘한 모험〉에 디오라는 인물이 나온다. 그는 '더 월드'라는 능력으로 히로와 똑같이 정지한 시간의 틈을 이동하여 상대방을 공격한다.

그렇다면 시간이 정지한 공간이란 어떤 것인지 과학적으로 고찰해보자.

물론 이 능력의 메커니즘은 설명할 수 없지만 적어도 평소처럼 행동할 수 있으므로 중력이나 다른 힘을 바꾸는 것은 아니다. 하지만 공중에 뜬 채로 정지해 있는 연출이 자주 나오는데, 과연 어떤 메커니즘으로 중력이 작용하는 하늘에서 떨어지지 않고 계속 정지해 있을까? 땅으로 끌어당기는 중력이 작용하는 한 공중에 떠 있기 위해서는 위로 끌어올리는 힘을 가해야 한다.

물리적으로 시간을 멈추는 것이 가능하냐고 묻는다면 물론 무리다. 애초에 절대적으로 정지해 있는 상태가 존재하지 않기 때문이다. 양자 수준에서는 원자도, 분자도 언제나 진동하고 있다. 절대 0도라고 부르는 영하 273도에 도달하여 모든 물질이 얼어붙어도 양자역학적으로는 정지 상태가 아니다. 따라서 '시간을 멈춘다=모두 완전히 정지한다'는 상태는 실현할 수 없다.

자기 이외의 모든 현상을 멈추는 것이 완전히 성립한다면 빛조차 도달하지 못한다. 완전히 캄캄한 암흑 속에 서 있는 상태, 즉 아무것도 할 수 없는 상황이 된다.

의사적인 시간 정지는 가능하다 해도

관점을 조금 바꿔서 사실은 아주 천천히 움직이고 있는 경우도 생각해보자. 그렇다면 상대론적으로는 가능한 이야기다. 일본 드라마 〈SPEC〉에도 시간 정지 비슷한 능력을 가진 소년이 나온다. 그 소년도 상대론을 고려한 것 같은 말을 한다. 자신은 초스피드로 행동할 수 있기 때문에 자신의 시간은 주변의 시간 흐름과 크게 달라진다고 말이다. 그러나 이 경우 상대적이라는 것이 가장 큰 문제가 된다.

자신이 광속에 가까운 속도로 이동하면 주변 물체는 전부 천천히 움직이는 것처럼 보인다. 이때의 시간 경과도 사실은 상대적인 차이라는 것이 상대론의 귀결이다. 주위 사람들이 보기에는 광속으로 이동하는 인물의 시간이 천천히 흐르고 있는 것이다. 다만, 광속으로 이동하는 사람을 관측할 수는 없고, 시간이 천천히 흐르고 있는 것을 관측하기 위해서는 정확하게 비교할 수 있는 각각의 시계를 준비해야 한다. 심지어 이런 시계를 촘촘히 배치하여 공간적으로 동일한 지점에서 비교해야 하므로, 문장으로 간단히 표현하듯이 인간의 눈에 '보인다'는 의미와 크게 다르다.

따라서 SF에서는 반드시 능력자만이 절대적인 시간의 지배자가 되는 것으로 설정한다. 상대론으로 말하면 능력자 이외의 주위 사람들은 그저 능력자의 이상한 행동을 목격할 뿐이다. 물론 광속도로 이동한다는 설정에 대해 왈가왈부하는 것 자체가 의미 없는 논의이긴 하지만, 아무튼 과학적으로는 그렇게 된다는 말이다.

광속으로 이동하는 대신 블랙홀 근처로 가는 방법도 있다. 여기서는 광속으로 움직이는 것처럼 시간이 천천히 가는 효과가 강해진다.

이론적으로는 블랙홀의 '사건의 지평선'이라고 부르는, 빛조차 빠져나올 수 없는 지점에서는 시간이 경과하는 눈금 폭이 0이 되어 실질적으로 시간이 정지한 것처럼 보인다. 블랙홀에서 충분히 떨어진 관측자에게 그렇게 보인다는 것이며, 블랙홀 주위에 있는 본인은 시간이 천천히 가는 것을 인식하지 못한다. 예를 들어 블랙홀로 들어가는 사람이 손을 흔들어서 작별 인사를 한다고 하자. 멀리 있는 사람이 보면 손을 흔드는 움직임이 서서히 느려지며, 마침내 지평선에 도달할 때는 정지한다. 그러나 본인은 어떤 변화도 느끼지 못한 채 계속 손을 흔들고 있다.

물리학자로서 거슬리는 대목

앞에서도 말했듯이 광속 이동이나 중력에 의한 시간 정지를 유사하게 재현할 때, SF와 현실의 가장 큰 차이점은 정지해 있다고 생각하는 주변에서 사실은 능력자나 블랙홀 주위에 있는 사람을 똑똑히 관측하고 있다는 것이다. 주변에서는 반대로 그들이야말로 정지해 있는 것처럼 보일지도 모른다.

블랙홀 주변의 시간 정지를 생각해보자. 블랙홀 부근에서 보면 멀리 있는 사람의 움직임이 정지한 것처럼 보이고, 반대로 멀리 있는 사람은 블랙홀 부근에 있는 사람의 움직임이 정지해 있는 것처럼 보인다. 상대적인 관계라는 것이다. 정지해 있는 것처럼 보이는 시간 속을 마음대로 이동하다 보면 다음 순간, 차에 치이고 만다는 것도 충분히 생각할 수 있다. 정지해 있는 것처럼 보이는 것과 실제로 정지해 있는 것은 전혀 다르다. 주위를 잘못 인식할 가능성이 높으므로 사고가 나기 쉽다고 할 수 있다. 자신의 힘을 과신하지 않기 바란다.

SF 작품에는 쏜 총알이 공중에 정지해 있는 장면도 나온다. 이것도 상대론적으로 '정지한 것처럼 보일 뿐'이라면 대단히 위험한 행위다. 실제로는 빠른 속도로 날아오고 있는데 착각하고 있는 것이니 말이다. 예를 들어 자기 이외의 모든 것이 정지해 있는데 왜 공중에 떠 있을 수 있는가, 하는 문제가 다시 한 번 나온다.

어떤 SF 작품에서는 총알의 궤도를 바꾸고 총알을 쿡쿡 찔러서 운동량을 더욱 가속화하는 장면이 나온다. 정지한 상태에서 운동량이 축적되는 것이라면 공중에 있는 총알에 닿는 순간 자신의 손을 뚫어야 할 것이다. 총알은 이미 상당한 운동량을 갖고 있을 테니, 손이 닿는 것 자체가 위험한 행위다.

그 밖에도 '시간을 정지한다=공중에 정지하고 있다'는 것은 이미지로 그리기 쉽지만, 역학적으로는 힘의 작용 자체를 바꾸지 않으면 실현될 수 없다. 예를 들어 이륙한 비행기가 시간이 정지한 세계에서도 공중에 떠 있을까? 기체를 띄우고 있는 부력은 날개를 통과하는 공기의 속도 차에 의해 생겨나므로, 정지 상태를 유지하려면 다른 부력 기구가 필요하다. 이런 세세한 부분까지 지적하자면 끝이 없지만, 이런 것이 약간 거슬리는 점이다.

호킹 박사의 시간여행자 실험

지금까지 여러 종류의 시간여행을 살펴보았는데, 마지막으로 현실에서 시간여행 실험을 했던 학자를 소개하고 싶다.

이미 세상을 떠난 영국의 스티븐 호킹 박사이다. 나도 3년 정도 케임브리지 대학교 그의 연구실에 있었으므로 친숙한 인물이다.

그는 시간여행자가 있는지를 확인하기 위해 참신한 파티를 기획했다. 그것은 파티를 개최하고 끝난 후에 초대장을 공개하는 것이다. 혼자만의 비밀 파티를 기획하고 훗날 시간여행자가 볼 수 있도록 그 초대장을 일반에게 공개한다는 것이었다. 정말 독특한 아이디어다.

물론 결과는 아무도 오지 않았다. 심지어 파티가 끝난 후 초대장을 공개하는 시점에, 본인은 그것이 실패했음을 이미 알고 있는 참으로 공허한 실험이었다. 그저 나 홀로 파티로 끝나버린 실험이었는데, 누군가 왔다면 어떻게 되는 것일까? 약간의 사고 실험을 해보자.

먼저 호킹 박사의 의도대로 미래에 그 초대장을 본 시간여행자가 과거로 되돌아가 파티장에 나타났다고 해보자. 그러나 그 시점에서 호킹 박사가 보기에 그가 정말 시간여행자인지, 그냥 음식 냄새에 이끌려 멋대로 들어온 현재의 불청객인지 구별할 수 없다. 예를 들어 다음과 같은 제안을 해보면 어떨까? '이 종이에 당신이 본 초대장 문구를 기억나는 대로 써서 봉투에 넣어주시겠습니까?'라고 요청하는 것이다. 그러고 나서 일단 그와 먹고 마시고 담소를 나눈 뒤 파티를 마무리한다.

그리고 훗날 자기가 초대장을 써서 공개한다. 이때 봉투 속에 들어 있는 내용이 초대장 문구와 같다면 그는 진짜 시간여행자인 것이다. 가슴 두근거리는 일이다. 그러나 여기서 문득 다른 선택지도 생각난다.

예를 들어 그 사람과 파티를 하고 나서 생각이 바뀌어 초대장을 공개하지 않기로 한다면 봉투 속의 내용은 변할까? 그야말로 양자역학에서 슈뢰딩거의 고양이 상태다. 초대장을 공개하지 않는다면 백지 상태의 종이가 나올까? 그렇다면 그 파티에 나타난 사람은 단지 불청객일 뿐일까?

이것은 어떤 의미에서는, '미래에 취할 수 있는 호킹 박사의 행동에 자유의지가 있는가?' 하는 테마가 될 수 있다. 예를 들어 비겁하게 초대장을 공개하기 전에 봉투를 열어서 문구를 확인한다고 하자. 그리고 그것과는 전혀 다른 문구의 초대장을 써서 공개하는 것이다. 그런 경우에는 봉투 속의 내용도 바뀔까? 문장이 멋대로 변하는 SF 같은 일은 일어나지 않는 것이 현실적이다. 그런 경우라도 그가 미래에서 어떤 정보를 얻어서 찾아온 시간여행자임을 확인할 수 있다. 그러나 문구가 다르다는 불가사의한 모순이 남는다.

그는 다른 미래에서 온 것인가? 미래가 바뀌었다는 증거일까? 의문은 끝이 없다. 이런 경우 시간여행자가 나타나고 종이에 써서 봉한 시점에 호킹 박사의 미래도 이미 결정되어 있었다고 생각하는 것이 타당하다. 봉투 속에 들어 있던 문구를 먼저 보고 나서 그것을 바꾸려고 시도해도 어찌 된 일인지 원래 문구 그대로 초대장을 공개하도록 운명 지어졌는지도 모른다.

파티에 누군가 찾아왔다면 이렇게 재미있는 실험이었나, 하고 아주 아쉬워할 것 같다.

2부

우주에 대하여

우주비행사가 실제로 화성에 착륙하는 날이 올까? 역사상 지구인이 착륙한 지구 이외의 천체는 달뿐이다. 위험이나 비용 측면에서 조사만을 목적으로 한다면 반드시 사람이 그 행성에 착륙할 필요가 없을 것이다. 실제로 화성에서는 무인 탐사기 큐리오시티Curiosity가 8년 이상의 조사를 거쳐 지하의 물이나 유기체를 발견했고, 화성에 대한 기존의 상식이 바뀌고 있다. 또한 2021년 2월 화성에 착륙한 퍼서비어런스Perseverance라는 새로운 탐사 로버는 소형 헬리콥터를 탑재하여 공중에서 탐사하기도 했다.

가까운 장래에는 드론 같은 것을 여러 대 띄워 행성 전체를 효율적으로 조사할 수 있을지도 모른다. 그러나 이주를 전제로 인체에 대한 영향까지 조사하려면 역시 거기에 인류가 착륙해야 할 것이다. 인류가 새로운 천체에 발을 내딛는 순간의 충격파는 엄청날 것이다. 우주여행을 꿈꾸고 있는 독자도 많을 것이다. 2부에서는 우주 환경을 비롯하여 행성 이주, 성간비행, 우주인과의 교류 등을 다룬 SF 작품을 살펴보자. SF 작품을 통해 여전히 비밀이 가득한 생생한 우주로 눈을 돌려보자.

6장

우주로
내동댕이쳐졌을 때
최후의 이동 수단

- 〈그래비티〉

〈그래비티〉(2014)

"중요한 건 지금의 선택이야.
계속 가기로 했으면 그 결심을 따라야지."

- 맷 코왈스키

우주에서는 어떻게 지낼까?

우주 환경을 테마로 한 SF 작품도 많다. 이 테마는 앞에서 이야기한 시간여행처럼 가공의 과학을 토대로 세운 세계관과는 달리 실제 우주비행사의 체험이나 기술자의 고생 등 실화도 포함되어 있는 경우가 많다. 이제부터 훨씬 현실감 넘치는 우주 환경을 다룬 SF 작품을 소개한다. 언젠가 정말로 우주공간에서 생활하게 되리라고 상상해보기 바란다. 특히 지구와는 다른 대기나 중력 환경에서 이동 수단이나 생존 방법 등도 함께 생각해보자.

영화 〈그래비티Gravity〉는 국제우주정거장에서 선외 업무를 수행하던 주인공이 우주쓰레기(우주공간을 떠도는 쓰레기)와 조우하면서 생사를 넘나드는 해프닝을 그린다. 우주는 참으로 드넓지만, 먼저 지구와 가까운 우주공간에서 시작하여 태양계의 다른 행성까지 이동하는 것을 소재로 만든 영화를 살펴보자.

지구 근처: 〈그래비티〉
달: 〈퍼스트맨First Man〉
화성: 〈마션The Martian〉
해왕성: 〈애드 아스트라Ad Astra〉

마지막의 〈애드 아스트라〉는 브래드 피트가 주연을 맡아 2019년에 개봉된 영화다. 실종된 아버지를 찾으러 해왕성 부근까지 간다는 스토리다. 해왕성은 지구와 태양 거리의 약 30배 정도 떨어져 있으며, 태양계에서 가장 먼 곳에 위치한다. 단, 영화에서는 해왕성에 착륙하지 않으므로 여기서는 소개 정도만 해둔다. 먼저 〈그래비티〉부터 자세히 알아보자.

국제우주정거장은 무중력?

우주라고 하면 무중력이라는 이미지가 바로 머릿속에 떠오를 것이다. 국제우주정거장ISS에서 일하는 우주비행사가 공간을 떠다니는 모습을 TV에서 본 적이 있을 것이다. 〈그래비티〉에서도 우주공간을 헤매다 겨우겨우 국제우주정거장에 도착한 주인공 스톤 박사가 허공을 헤엄치듯이 선내를 이동하는 장면이 나온다.

그러나 국제우주정거장이 '무중력'이냐면, 사실은 그렇다고 할 수 없다. 물론 지표와는 다른 우주공간이지만, 우주에서도 대단히 지구에 가깝다. 국제우주정거장은 지상 400킬로미터 상공에 있는데, 그곳의 중력을 계산해보면 지표의 88% 정도이다. 중력만 놓고 보면 지상보다 겨우 10% 정도 가벼워질 뿐이

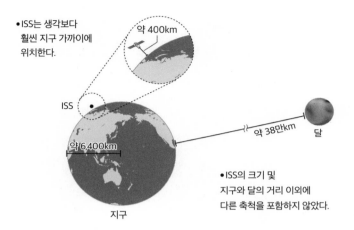

ISS와 지구의 거리

다. 지구 반지름이 약 6,400킬로미터나 된다는 것을 생각해보
자. 지구와 국제우주정거장의 위치를 축척에 따라 표시하면 대
단히 가깝다는 것을 알 수 있다.

참고로 비행기가 이동하는 곳이 상공 10킬로미터 지점이므
로, ISS는 그보다 40배 정도 위쪽에 있다.

그럼 왜 국제우주정거장이 무중력 상태일까? 원심력이 크기
때문이다.

원심력이란 쉽게 말해 선 채로 버스나 기차를 타고 가는데
커브를 돌 때 몸이 바깥쪽으로 끌어당겨지는 힘이다. 회전하는

탈것을 타고 있는 경우에도 반드시 원심력이 작용한다. 회전하는 속도가 빠를수록 바깥쪽으로 끌어당겨지는 힘이 강해진다. 그리고 국제우주정거장의 중력은 지표와 크게 다르지 않지만 속도가 대단히 빠르다. 초속 약 8킬로미터로 지구를 하루에 16바퀴나 돌 정도의 속도다. 90분에 지구를 한 바퀴 돌 정도의 이동 수단을 사용할 수 있다면 대단할 것이다. 이처럼 지구 주위를 낙하하지 않고 계속 회전하는 데 필요한 속도를 제1우주 속도라고 한다.

국제우주정거장에서 인간은 지구 둘레를 도는 원운동에 의해 지구에서 멀어지는 방향으로 강한 원심력이 작용하여 무중력 상태가 된다.

그것이 얼마나 강한 원심력이냐 하면 지표의 약 250배이다. 우리가 평소에 생활할 때도 지구의 자전에 의해 원심력의 영향을 약간 받고 있다. 이것은 우리를 지면에서 위쪽으로 끌어당기는 힘이다. 물론 위도에 따라서도 힘의 크기는 다르며, 가장 강한 원심력이 작용하는 곳은 적도상이다. 그러나 여기서도 불과 0.0034G로 지구 중력 1G의 약 290분의 1로 작다. 일본보다 적도상에서 체중이 그만큼 가벼워진다고 할 수 있지만 거의 무시해도 좋을 정도다. 한편 국제우주정거장에는 이 원심력이

0.87G나 된다. 빠른 속도로 계속 커브를 돌고 있는 버스 안에 있는 상태인 것이다. 원심력이 지구 바깥을 향하므로, 0.88G라는 지구 중심을 향하는 중력과 상쇄되어 지구상의 약 1만 분의 1에서 100만 분의 1 정도의 무중력에 가까운 상태가 되는 것이다.

'우주정거장=무중력'이라는 것에는 이처럼 깊은 배경이 있다. 우주비행사가 공중에 둥둥 떠서 평화롭게 이야기를 나누고 있는 우주정거장 안의 영상을 보고 있으면, 그것이 90분에 지구를 한 바퀴 돌 만큼 엄청난 속도로 움직이고 있는 탈것이라고 상상하기 쉽지 않다.

이 원심력을 적도상에서 느낀다면 모든 물체가 지표를 벗어나 대기권으로 날아가 버릴 것이다. 국제우주정거장의 속도에 비해 지구 중력권을 탈출할 수 있는 속도, 이른바 제2우주속도는 초속 11킬로미터이므로 속도를 초속 3킬로미터 정도만 높이면 국제우주정거장 자체가 지구에서 벗어나 버린다. 참고로 '1일=24시간'이라는 것은 지구의 자전 속도인데, 이것이 초속 380미터이므로 국제우주정거장이 얼마나 빠른 속도로 돌고 있는지 상상할 수 있을 것이다.

지표의 0.00000001%

'무중력 공간에 떠 있는 고요한 국제우주정거장'이라는 이미지가 완전히 바뀌지 않는가? 실제로는 지표와 거의 다르지 않은 중력 공간을 엄청난 속도로 회전하며 무중력 공간을 재현하고 있는 것이다.

한편 '우주공간=진공'이라는 이미지는 맞다고 할 수 있다. 비행기가 떠다니는 10킬로미터 상공의 대기는 지표 기압의 약 4분의 1에서 5분의 1 정도이다. 우주정거장이 떠 있는 장소에서 이미 10의 마이너스 10제곱이 될 수 있다. 대기가 지표의 0.0000001%밖에 없으므로 진공이라고 해도 된다. 물론 선내는 산소나 질소 등 지표에 가까운 대기 수준을 유지한다. 우주에서 활동할 때 가장 중요한 것은 대기 문제라고 할 수 있다. 우주복이 없다면 어떤 우주 환경에서도 살아갈 수 없다고 생각하면 된다.

다른 행성으로 이주하는 것을 생각해보자. 그 행성에 운 좋게도 충분한 대기가 있다 하더라도 그 성분이 지구와 같을 가능성은 거의 없다. 질소와 산소가 4 대 1의 비율로 이뤄져야만 비로소 우리는 마스크를 쓰지 않고 생존할 수 있다. 조금이라도 다르면 살아갈 수 없다. 예를 들어 우리는 평소에 산소 농도가 21%인 공기 속에서 생활하고 있는데, 이것이 약간 떨어져서 18% 이하까지 내려가면 두통이나 구역질 등의 증상을 일으킨다. 또한 산소 농도는 너무 높아도 위험하다. 의료 현장에서도 50% 농도의 산소를 투여하는 것은 48시간 이내로 제한되어 있다.

우주에서는 마스크가 필수품이라는 것을 반드시 기억하자. 이것은 지구로 날아온 우주인을 소재로 하는 SF 작품을 다룰 때 한 번 더 이야기할 것이다.

살고 싶다면 가진 것을 버려라

〈그래비티〉를 통해 좀 더 이야기할 만한 대목은 우주에서의 이동 수단이다.

영화는 스톤 박사를 비롯한 기술자들이 우주복을 입고 우주왕복선 밖으로 나가는 활동으로 시작된다. 앞에서 지구 근처의 우주공간은 중력이 큰 차이 없다고 했다. 그런 우주공간에서 선외 활동을 하는 박사 일행은 우주왕복선과 함께 지구 주위를 고속으로 회전하고 있는 셈이므로 실제로는 무중력이라고 해도 될 것이다. 그러면 무중력 공간처럼 이동할 수 있을까? 지표에는 박차오를 지면이 있지만, 잡을 것이라고는 전혀 없는 공간에서는 그것이 힘들다.

〈그래비티〉에서는 우주복에 내장된 작은 제트분사를 이용하여 이동한다. 이것은 가장 그럴듯한 이동 수단이라고 할 수 있다. 실제로 일본의 소행성 탐사기 하야부사도 기기 자체는 달라도 같은 제트분사를 이용해서 이동한다.

초기의 우주 미션에서도 이런 이동분사장치를 실험적으로 사용했다고 한다(단, 아무리 미세조정이 잘된다 해도 구명줄 없이 고층빌딩 창문을 청소하는 것과 같으므로, 현재는 안전상의 이유로 우주선과 구명줄을 연결한 상태에서 선외 활동을 한다).

그럼 영화처럼 제트분사에 의해 몸이 우주공간에 내던져진다면 어떻게 해야 할까? 지금부터는 보다 가혹한 상황에서 이동 방식을 생각해보자.

지상에서 굴린 공이 자연스럽게 멈추는 것은 지면에서 마찰이나 공기저항을 받았을 때이다. 반면 우주에서는 진공 때문에 공기저항처럼 운동을 방해하는 힘이 거의 작용하지 않는다. 우주에서 운동은 기본적으로 한 번 회전하면 영원히 계속 회전하는 상태가 된다.

옆으로 이동하는 경우에도 약간의 힘으로 이동 속도를 얻으면 아무것도 하지 않고도 앞으로 나갈 수 있다. 그렇기 때문에 처음에 초속도初速度만 얻으면 이동은 간단하다. 단, 그만큼 목적지에서 멈추는 것이 상당히 위험하다. 우주공간으로 한번 떨어지면 생사가 걸린 중대 사고인 것이다.

여기서는 단순히 무중력, 진공 공간에서 오른쪽으로 이동하고 싶다고 하자. 아무리 수영하듯이 진공 속을 허우적거려도 소용없다. 그러면 어떻게 해야 할까? 자신이 갖고 있는 어떤 물건을 왼쪽 방향으로 던지면 자신은 오른쪽 방향으로 이동한다. 물리학 용어로 말하면 운동량 보존 법칙이다.

운동량 보존 법칙이란 예를 들어 2개의 물체가 충돌하는 경우 전후의 속도 변화(속도×질량=운동량)가 보존된다는 법칙이다. A가 B에게 가하는 힘과 B가 A에게 받는 힘이 작용반작용의 법칙을 따르고 있으므로 서로의 속도 변화가 그대로 보존된다는 것이다. 충돌 현상 대신 1개의 물체가 분열하는 것을 생각하면 원래 속도가 0이라면 분열한 후 2개의 물체는 서로 역방향으로 멀어져서 '이동+역방향으로 이동=0'이 된다.

이 법칙이 지상보다 더 명확하게 성립하므로 우주공간에서는 우리의 일상과는 다른 불가사의한 운동을 보게 된다. 우주공간에서는 지면처럼 박차고 이동할 수 없으며, 대기가 없으므로 물갈퀴처럼 휘저어도 이동할 수 없다. 하지만 '오른쪽 이동

+역방향으로 이동=0'을 이용해 나아가고 싶은 곳과 반대 방향으로 물체를 던지면, 내가 진행하고 싶은 방향으로 멋지게 이동할 수 있다. 이때 운동량이라는 단위로 생각하므로 '질량×속도'가 중요하다. 더 빨리 이동할 때는 질량이 큰 것을 버려서 던지는 속도를 높이면 된다. '우주공간에서 자력으로 살아남고 싶다면 가진 것을 버려라'는 것을 기억해두기 바란다.

우주에서 핸드스피너를 돌리면?

마찬가지로 회전운동에도 각운동량角運動量 보존 법칙이 있다. 이에 관한 아주 재미있는 우주비행사의 실험이 '우주비행사 핸드스피너Hand Spinner'라는 동영상으로 공개되었다. 지상에서 평범하게 돌리는 핸드스피너를 우주공간에서 돌리면 재미있게도 그것을 돌리는 사람까지 회전한다. 이것도 회전운동의 각운동량 보존 법칙이다.

그럼 왜 지구에서는 그렇게 되지 않는지를 여기서는 반대로 생각해보자. 물론 지구상에도 이 회전운동의 법칙이 성립한다. 그러나 지구상에는 이 운동을 방해하는 것이 있다. 하나는 지구의 중력이고, 다른 하나는 지면과의 마찰이다. 질량이 큰 우리의 몸은 핸드스피너보다 더 강한 중력에 의해 끌어당겨지고 있다. 심지어 지면과 접촉하고 있는 한 마찰에 의해서도 몸이 회전하는 것을 멈출 수 있다.

우리 몸에 커다란 제동장치가 늘 걸려 있는 상태인 것이다. 예를 들어 지구상에서 어떤 방법으로 무중력처럼 몸을 띄운 상태에서 핸드스피너를 돌릴 수 있다면 국제우주정거장의 우주비행사처럼 자신의 몸도 돌기 시작한다.

심지어 국제우주정거장 바깥에서 똑같은 행동을 한다면 이번에는 대기에 의한 마찰도 없으므로 영원히 계속 회전하는 상태가 된다. 원래는 이런 운동이야말로 자연계의 상식적인 습성일 것이다. 그러나 우리는 지구상이라는 특수한 환경에 익숙해 있으므로 계속 회전한다는 원래 운동의 모습이 오히려 기묘하게 느껴지는 것이다. 이 '우주공간에서 회전운동이 멈추지 않는다'는 사실은, 이것을 체험한 적이 없는 실험 단계의 우주비행사들에게는 이보다 더한 공포가 없었을 것이다. 어떤 것인지는 다음에 이야기할 〈퍼스트맨〉에서 자세히 소개하겠다.

7장

'가정용 전자오락기'로 달 착륙을 시도하다

– 〈퍼스트맨〉

〈퍼스트맨〉 (2018)
"이것은 저에게는 작은 발걸음이지만,
인류에게는 위대한 도약입니다."
            - 닐 암스트롱

우주비행사가 된다는 것

영화 〈퍼스트맨〉을 소재로 지구에서 날아올라 달에 착륙하는 상상을 해보자. 이 영화는 SF라기보다 닐 암스트롱 선장의 인생을 그린 논픽션에 가깝다. 참고로, 현재까지 달에 발을 디딘 지구인은 모두 12명이며 모두 미국인이다. 일본인의 달 착륙 계획도 현재 상당히 현실적으로 진행되고 있으므로 가까운 미래에 관련 뉴스를 들을지도 모른다.

1969년 인류 최초로 달 표면에 발을 디딘 아폴로 11호의 선장이 우주비행사로 지원한 1961년 무렵부터 이야기는 시작된다. 뇌종양에 걸린 딸을 잃은 비통한 심정으로 우주비행사 시험을 치르는 그의 모습이 인상적이다. 참고로, 나도 2008년 일본인 우주비행사 선발시험에 응시한 경험이 있다. 응시 자격이 '박사 학위 소지자'였기 때문이다. 물론 나는 2차 시험에서 떨어졌고, 유이키油井, 오니시大西, 가나이金井 등 3명이 최종 선발되었다. 최종 시험에는 국제우주정거장을 본뜬 폐쇄 공간에서 일주일 동안 체류하는 테스트도 있었다. 우주비행사 후보가 된 이후에도 실제로 우주로 갈 때까지 훈련하는 기간만 6~8년이 걸린다. 그야말로 지구인을 대표할 만한 엘리트로 선발되는 힘든 직업이다.

가정용 전자오락기로 우주에 가다

영화의 무대가 된 1960년대 이야기로 돌아가자. 당시는 유인 우주비행을 생각할 무렵이었기에 어떤 인물을 선발해야 하는지부터 논의되었다. 처음에는 진지하게 공중그네 곡예사를 고려하기도 했다고 한다. 인간이 비행하기 전에 먼저 햄이라는 원숭이를 태운 실험도 했다. 지구를 벗어날 수 있는 속도까지 가속하면 우주선 안은 엄청난 부하가 걸린다. 8G가 될 것으로 예측했지만 실제로는 그 2배나 되는 부하가 걸렸다. 생환한 햄은 스트레스 때문에 주변의 사물을 닥치는 대로 물어뜯었다고 한다. 원숭이 입장에서는 실로 안타까운 실험이었다.

햄의 비행은 1961년 1월 말이었고, 그로부터 불과 두 달 반 뒤에 소련의 유리 가가린이 인류 최초로 지구를 벗어나는 데 성공했다. "지구는 파랗다"로 유명한 대사의 주인공이다. 이 충격적인 성과를 지켜본 미국은 국력을 총동원하여 소련과의 우주개발 경쟁에 뛰어들었다.

1960년대 기술은 우주에 갈 엄두도 내지 못할 정도로 낮은 수준이었다. 과학 경쟁을 배경으로 국가가 덤벼들었기 때문에 그런 과학기술로 달을 향한 유인 비행이 실현될 수 있었던 것이다. 당시 개인용 컴퓨터PC는 1980년대에 나온 닌텐도의 패미컴(가정용 전자오락기) 수준으로 겨우 8비트짜리 CPU였다. 한 번에 2의 8제곱, 즉 256개의 연산밖에 못하는 PC를 떠올려 보자. 지금은 PC나 스마트폰도 64비트인 것을 감안하면 얼마 나 저성능이었는지 알 수 있다. 그런 저성능 기계로 과연 무엇 을 계산했을까? 주로 기체의 제어나 궤도 계산이었을 것이다. 300도 되지 않는 연산 능력으로 이것들을 계산하기는 상당히 무모한 일이라는 것을 아마추어도 알 수 있다. 패미컴으로 마 리오의 동작밖에 조작할 수 없는 상황에서 목숨을 건 게임을 한 셈이다.

코어 로프 메모리

아폴로호를 제어하거나 궤도를 계산하는 컴퓨터 프로그램을 저장하는 메모리도 살펴보자. 오늘날의 하드웨어 ROM에 해당한다. 당시는 코어 로프 메모리Core Rope Memory라고 부르는, 장신구에 쓰이는 비즈 같은 자기 코어로 여러 개의 전선을 복잡하게 휘감은 형상이었다(121쪽 사진). 당시에는 이런 시접 작업을 중년 여성들을 대거 고용해서 자수를 놓듯이 했다. 이런 섬세한 작업에 종사하던 사람들을 '작은 아주머니들'이라고 불렀다고 한다. 지금으로 치면 '하드를 수작업으로' 만드는 것과 비슷한데, 그만큼 현재와 기술 차이가 컸다.

연료 탱크를 떼어내는 이유

영화 〈퍼스트맨〉에는 지구에서 우주로 비행하는 장면이 여러 번 등장한다. 특히 우주공간으로 나가는 유인 비행이 아직 실현되지 않은 상황에서 최선을 다하는 우주비행사의 모습이 인상적이다. 결사의 각오와 불안감이 우주선 내부의 긴박감을 표현하는 카메라워크에 의해 화면으로 잘 전달된다.

여기서 우주 로켓이 어떻게 지구의 중력권을 탈출하는지를 먼저 이야기해보자. 애니메이션에서는 방귀를 강력하게 분사하여 우주공간으로 도약할 수 있다는 묘사가 많이 나온다. 현실에서도 일정한 탈출 속도를 얻기 위해 제트분사로 가속하는 추진력이 중요하다.

그러나 그 이상으로 탈출에 필요한 조건은 질량의 대부분을 버리는 것이다. 이것은 앞에서 다룬 운동량 보존 법칙과 관계된다. 무중력은 아니지만 진행 방향의 역방향으로 커다란 질량을 버리는 것이 커다란 추진력을 얻는 방법이다. 그러므로 아무리 효율적인 연료로 방귀처럼 제트분사를 해도 그것만으로는 중력권을 벗어날 수 없다.

탈것의 연료가 차지하는 질량비를 연료비라고 하는데 로켓은 이 연료비가 대단히 높다. 여객기는 연료비가 50% 이하라고 한다. 배는 20%, 자동차는 5%, 디젤 기관차는 수%이다. 그에 비해 우주 로켓은 80% 이상이나 된다. 지구의 중력권을 탈출하기 위해서는 연료를 태워서 로켓 질량의 대부분을 버려야 한다. 또한 로켓을 쏘아 올리는 영상에는 연료 배출이 끝나면 연료탱크를 떼어서 버리는 묘사가 나오는데, 이것도 질량을 버림으로써 추진력을 얻는 것이다.

따라서 지구보다 중력이 작은 달이나 화성을 탈출할 때는 대단히 큰 추진력 없이 귀환할 수 있다. 반대로 목적지 행성이 지구 정도이거나 그 이상이라면 귀환용 연료선을 미리 보내둘 필요가 있다. 우연히 가까이 있는 천체가 지구보다 작았기 때문에 이러한 문제가 없었을 뿐이다. 연료 수송 때문이라도 지구보다 큰 행성에 착륙하기는 훨씬 힘들다는 것을 잊지 말자.

랑데부 방식의 장점

달은 지구에서 약 38만 킬로미터 떨어져 있다. 이 천체에 인류를 보내기 위해 먼저 논의된 것은, 어떤 방법으로 달 표면에 내려설 것인가였다. 단순히 생각하면 달에 착륙했다가 이륙해서 돌아오는 것이지만, 연료 때문에 상당히 무리한 계획이었다. 그래서 달 궤도 랑데부 방식이 고려되었다. 즉, 달의 공전궤도에서 대기하는 사령선과 달 표면에 내려서는 착륙선을 분리해서 도킹하는 방식이었다.

달은 지구보다 중력이 작긴 하지만 사령선이 달에 착륙했다가 다시 중력권을 벗어나기 위해서는 상당히 많은 연료가 필요하다. 랑데부 방식으로는 가벼운 착륙선만 달에 내려갔다 이륙하는 것이므로 연료가 절약된다. 그리고 달의 공전궤도에서 대기하고 있는 사령선이 속도를 잃지만 않으면 제로부터 속도를 높이지 않고도 달의 중력권을 쉽게 벗어날 수 있다.

실제로 1969년 아폴로 11호에 타고 있던 3명의 승무원 가운데 달 표면에 내려선 사람은 암스트롱 선장과 버즈 올드린 2명이었다. 마이클 콜린스는 달의 공전궤도에서 대기하는 임무였다. 콜린스의 친구라면 '콜린스도 달에 착륙시켜주지' 하고 몹시 아쉬워했을 것이다.

최대의 난관, 도킹

랑데부 방식에서는 우주공간에서 사령선과 착륙선의 도킹이 미션 성공의 커다란 열쇠이다.

일단 추진력을 얻어서 이동하고 있는 물체를 서로 연결하기는 대단히 힘들다. 사소한 제어 실수로 기체끼리 충돌하는 대형 사고를 초래할 수 있기 때문이다. 이것은 영화 〈인터스텔라〉에서 어떤 행성에서 탈출해 황급히 도킹할 때 대참사가 벌어지는 장면으로 묘사된다. 성공하는 장면만 보고 있으면 별것 아닌 것처럼 보이지만, 한 발짝 잘못 디디면 순식간에 사고로 이어질 수 있다. 영화에서는 우주비행사 시점으로 무음 속에서 대폭발을 일으키는 인상적인 영상이 등장한다. 고요 속에 갑자기 덮치는 공포를 멋지게 연출한 것이다.

1966년 우주에서 최초로 도킹에 성공한 것은 미국의 유인 우주비행 제미니 계획의 일환으로 발사된 제미니 8호이다. 한

쪽은 무인우주선 아제나Agena이고 다른 한쪽은 암스트롱과 부조종사 스콧이 탑승했다. 그때까지 소련에게 선두를 빼앗기고 있던 우주기술에서 처음으로 미국이 앞서는 순간이었다.

한편으로 두 사람의 우주비행사에게는 한 번도 체험하지 못한 공포를 맛본 순간이기도 했다.

당시는 비행 중에 모든 교신이 가능한 시스템이 갖춰져 있지 않았다. 이 통신이 두절된 상황에서 예기치 못한 격렬한 회전운동이 일어난다. 우주공간에서는 한 번 회전을 시작하면 자연스럽게 멈추지 않는다. 영화에서는 격렬한 회전이 전혀 멈추지 않는 공포와 정신을 잃을 정도로 혹독한 상황이 묘사된다. 우주선 내의 긴박한 장면을 영화 속 주인공이 되었다고 상상하면서 보면 좋을 것이다. 미지의 공포와 생사를 좌우하는 조종의 긴장감을 대리 체험해보면 우주비행사란 정말로 목숨을 건 직업이라는 생각이 든다.

제미니 계획에서 아폴로 계획으로

그 사고를 무사히 넘기고 제미니 계획은 성공을 거두었다. 그리고 1967년부터 아폴로 계획이 마침내 본격적으로 시동을 걸었다. 그러나 시작부터 아폴로 1호에서 우주비행사 3명이 화재로 사망하는 끔찍한 사고가 발생했다. 우주에 가기 위해 도대체 몇 사람의 희생이 필요한가, 달 착륙 계획에 세금이 낭비된다 등등 사회적 비판의 목소리도 높아졌다. 특히 빈곤층에서 극렬한 비판이 가해지는 상황이 영화에도 그려진다.

그런 사회적 상황에서 1968년에 아폴로 8호가 유인으로 달의 공전궤도를 비행하는 데 성공했다. 그리고 아폴로 11호 선장으로 암스트롱이 임명되었다.

아폴로 11호는 1969년 7월에 지구를 떠났다. 지구의 궤도를 무사히 벗어난 우주비행사들. 영화에서는 우주선 안에서 음악을 듣는 장면이 나오는데, 당시는 아직 카세트테이프였다는 것이 인상적이다. 참고로 달의 비행경로는 아폴로 8호의 숫자 8과 같은 방식이다. 아폴로 8호의 미션 로고는 지구와 달을 잇는 궤도와 이름을 따서 숫자 8이 크게 그려져 있다.

궤도에는 추진력을 얻기 위한 제트가 거의 없다. 이처럼 우주공간이란 최초의 초속도만 내면 관성만으로도 계속 날아갈 수 있는 경제적인 이동이 가능한 곳이다. 쏘아 올린 지 사흘 정도 만에 달 궤도에 들어가고, 드디어 나흘째에 착륙 미션에 들어갔다. 콜린스가 컬럼비아호에 타고 달의 공전궤도에 대기하고 있는 동안 착륙선인 이글호가 분리되어 달 착륙을 시작

했다. 1969년 7월 20일 밤의 일이었다. 달에 머문 시간은 불과 2시간 30분, 착륙한 것은 달토끼의 얼굴 부분에 해당하는 '고요의 바다'라고 불리는 곳이었다. 처음에 암스트롱 선장이, 19분 후에 버즈 올드린이 달에 내려섰다. 그 유명한 대사와 함께, 전 세계에 방영된 역사적 순간이었다.

달 표면에 사람이 착륙한 것은 날조라는 유언비어도 있다. 그 근거로 내세운 것 가운데 하나는 착륙 영상에 비친 성조기가 바람이 불지 않고 대기도 없는 달에서 펄럭이고 있다는 것이었다. 하지만 바람이 없어도 한 번 우주공간에서 속도를 얻으면 멈추지 않으니 펄럭이는 것처럼 보이는 것도 자연스러운 현상이다. 무엇보다 이후에 유인 착륙이 성공한 것을 보면 의심할 이유가 없다.

달에서 본 밤하늘과 태양

마지막으로 달에 대해 몇 가지 이야기해보자.

먼저 달 표면의 중력은 지구의 6분의 1 정도로 작아서 달 표면에서는 깡총거리며 걷게 된다. 중량이 있는 우주복의 무게를 느끼지도 않는다. 그렇게 생각하면 달처럼 지구보다 작은 천체에 갈 때는 우주복이 별문제가 되지 않을지도 모르겠다. 그러나 반대로 지구보다 큰 행성에 착륙하려면 우주복 자체의 무게도 증가하므로 이동하는 것 자체만으로 힘들 것이다.

또한 달에도 일출이 있으며, 하루는 낮과 밤으로 나뉜다. 다만 달의 하루는 지구의 약 30일이나 되므로 참으로 긴 낮과 밤이라서 하루라는 느낌이 안 들지도 모른다. 달의 밤하늘은 별이 보이지 않는다. 지구가 언제나 하늘과 같은 위치에서 빛나고 있기 때문이다. 강렬한 지구의 밝기 때문에 별이 보이지 않는 것이다.

또한 지구에서는 달의 같은 면만 보이지만 달에서는 지구의 이면을 볼 수 있다. 지구의 자전 속도가 달의 자전 속도보다 압도적으로 빠르기 때문이다. 달에서 육안으로 지구의 자전을 관측할 수 있는지, 달에 사는 미래의 초등학생에게 조사 과제로 내주고 싶다. 단, 반대쪽에 사는 사람들은 지구가 전혀 보이지 않는다. 달에서는 지구가 보이는가, 보이지 않는가는 지역에 따라 다르다는 것이다. 반대쪽 면은 착륙한 역사가 없어서 모르겠지만, 아마도 지구가 보이지 않으니 밤에는 별이 보일 것이다. 지구에서는 달을 보고 '같은 하늘을 보고 있다'라고 표현하지만, 달에서는 같은 하늘이 아닌 것이다.

참고로 아폴로에서 찍은 영상에서는 지구가 지평선에서 올라오는 모습을 볼 수 있는데, 이것은 달 표면에서는 결코 일어나지 않는 현상이다. 지구가 지평선에서 떠오르는 모습은 달의 공전궤도에 있는 로켓 안에서만 보이는 것이다.

달 표면에서 태양이 어떻게 보이는지 이야기해보자.

달은 대기가 없으므로 태양의 크기는 지구에서 보는 것보다 작을 것이다. 왜냐하면 지구에는 대기가 있으므로 빛이 산란하여 결과적으로 태양이 커 보이기 때문이다. 지구에서 보는 태양은 원래 색과도 다르다. 우주공간에서 태양을 보면 중심은 새하얗고 강렬한 빛이며, 그 주위는 푸르스름한 빛을 띠고 있다. 달 표면에서 보이는 태양은 이것에 가깝다고 할 수 있다. 우리 눈에 태양이 노란색으로 보이는 것은 태양의 원래 색에서 푸른 하늘의 파란색이 산란에 의해 누락되었기 때문이다. 달에서는 태양의 진짜 모습을 볼 수 있지만, 강렬한 X선이 고스란히 도달하므로 절대 추천하지 않는다. 지구에서는 우리를 지켜주는 따뜻한 존재라는 이미지이지만, 달 표면에서 태양은 인정사정없이 공격해대는 악마 같은 존재다.

전 세계가 달의 자원을 어떻게 소유해야 하는가 하는 논의가 한창이다. 지구에서의 토지소유권을 생각하면, 지금까지 유일하게 달 표면에 내려선 미국이 유리할까? 미국의 민간 우주기

업들이 더욱 활발하게 움직이고 있다. 아마존 창립자 제프 베이조스는 2021년 7월에 민간 우주여행을 실현했다. 그는 나사 NASA의 달 착륙선에 거액을 출자할 것을 제안했고, 달 진출을 목표로 하고 있는 것 같다. 중국도 상당히 진지하게 달 진출을 꾀하고 있다. 달은 지구에서 가장 가까운 천체이지만, 여전히 많은 비밀에 싸여 우리를 매혹하고 있다.

8장

화성에서
식물을 재배하는
또 다른 이유

- 〈마션〉

〈마션〉(2015)
"농사를 지을 수 있다면 그 땅을 점령한 거래.
그래서 난 화성을 점령했다."
- 마크 와트니

다른 행성의 달력

화성으로의 비행을 소재로 한 영화 〈마션〉을 소개한다.

사실 지구에서 가장 가까운 행성은 화성이 아니라 금성이다. 그런데 왜 화성을 소재로 한 우주비행 이야기는 많은데 금성을 소재로 한 이야기는 별로 없을까? 그것은 금성이 불타는 지옥 같은 환경으로 이주할 수 없기 때문이다. 물론 관측위성 등의 인공물은 날리고 있지만, 유인우주선이 갈 만한 곳은 절대 아니다.

금성은 지구의 미래 모습으로 여겨지고 있으며, 아주 두꺼운 이산화탄소 대기를 이루고 있다. 이산화탄소에 의한 온난화의 극치라고 할 수 있으며, 지표는 낮이든 밤이든 400도 이상 작열한다. 화산활동도 활발하여, 그야말로 생지옥이다.

이야기가 조금 빗나갔는데, 영화 이야기로 돌아가자. 화성을 테마로 한 영화로는 〈토탈 리콜Total Recall〉이라는 작품이 있다. 이 영화는 화성에 이미 사람들이 살고 있고, 화성 태생이라는 특수한 인종도 등장한다. SF 요소가 강한 이 작품에 비해 〈마션〉은 상당히 현실적인 묘사가 많은 화성 생활 이야기라고 할 수 있다.

원작은 앤디 위어의 소설 《마션》이다. 영화는 리들리 스콧이 감독을 맡고, 맷 데이먼이 주연을 맡았다. 스토리는 단순하다. 몇 명의 사람들이 화성 탐사를 하고 있었는데 갑작스러운 모래 폭풍을 만나 주인공 마크 와트니만 화성에 홀로 남아 열심히 '나 혼자 사는' 것이다.

영화에서는 곧바로 아무런 설명 없이 'Sol'이라는 단위가 등장한다. 이것은 화성의 하루 단위다. 자전 속도가 지구와 다르므로 이런 단위를 사용하고 있다.

24시간이 아니라 그보다 약 40분 긴 것이 화성의 하루, Sol이다. 어원은 라틴어로 태양을 의미하는 'Sol'이며 영어의 'Solar'에 해당한다.

참고로 화성의 1년은 지구의 약 2년 2개월에 해당하므로 화성에서 태어난 아이는 지구 시간으로 따지면 생일이 2년에 한 번밖에 돌아오지 않는다. 사실 지구와는 다른 행성에서 하루의 길이는 태양에 가까울수록 복잡하다. 예를 들어 수성의 하루는 1년보다 길다는 역전이 일어난다. 왜 그럴까?

우리가 상상하는 이미지와 달리 태양이 좀처럼 지지 않는다는 것이다. 수성의 1년은 88일인데, 이것은 거의 낮 시간과 같다. 다음 해는 밤이 1년 동안 계속된다. 수성에서는 2년이 지나면 비로소 태양이 하늘을 한 바퀴 도는 것이다. 수성에 이주하기는 힘들다고 할 수 있다. 예를 들어 태양계를 벗어나 다른 행성으로 간다고 생각해보자. 다른 별이 태양이 되는 행성계에서는 수성처럼 그 별에 가까운 궤도를 지나는 행성에 물이나 바다가 있을 가능성도 있다. 태양보다 온도가 낮은 별의 경우이다. 이때 지구의 궤도 위치에서는 온도가 너무 낮아서 물이 얼음이 되어버린다. 그러므로 수성처럼 태양 옆에 있는 행성을 타깃으로 삼는 경우도 없지는 않다. 이주하게 된다면 달력이 아주 복잡해질 것이다.

정지 화면만으로 원활한 대화를 나눈다

화성에 남겨진 주인공 마크의 이야기로 돌아가자.

지구에서는 마크가 사고로 죽었다고 생각했지만, 화성을 찍은 위성사진을 통해 생존해 있음이 판명된다. 그도 필사적으로 지구와의 교신을 시도한다. 전화처럼 대화가 가능하면 좋겠지만, 영화 설정에는 음성은커녕 영상도 동영상이라기보다 거의 정지 화면에 가까운 것밖에 보낼 수 없다.

화성은 지구에서 광속으로 30분 이상 걸리는 거리에 있다. 그러므로 통신에 시간 지연이 생겨 32분 늦게 도달한다. 또한 영화에서는 화성에서 정지 영상을 보내도 지구에서는 화상 데이터를 전혀 수신할 수 없으며, 지구에서는 겨우 카메라 방향을 바꾸는 정도밖에 못 한다. 그래서 처음에는 'YES or NO'라는 양자택일 대화를 한다. 질문을 손으로 써서 카메라에 비추고, 'YES' 또는 'NO' 팻말을 세우고 약 30분이 지나면 카메라가 대답 방향으로 바뀌는 것이다. 답답하기 짝이 없는 방식이다. 그럼에도 드디어 화성에서 고독하게 생존하고 있는 그의 상황을 지구에 있는 사람들도 이해하고 여러 가지 대책을 논하기 시작한다.

통신으로 대화하는 방법은 조금씩 세련되어간다. 양자택일에서 16진법을 이용한 대화 방법을 발견하는데, 아스키ASCII 코드와 관련된 글자 배치다.

아마추어라면 맨 먼저 알파벳을 전달하는 시스템을 만들려고 할 것이다. 그러나 알파벳은 26글자이므로 카메라 움직임으로 응답하는 경우(영화에서는 카메라가 360도 회전할 수 있다), 원주상에서 약 14도마다 팻말을 세워야 하는데 글자 간격이 너무 좁아서 카메라가 돌아가는 것만으로는 구별하기 힘들다. 그래서 16글자를 이용한 16진법으로 바꾼 것이다. 이렇게 하면 22도마다 팻말을 세우면 되므로 카메라가 무엇을 가리키는지 확실하게 알 수 있다. 참으로 현명하다. 우주비행사는 이처럼 예기치 못한 상황에서도 냉정하게 임기응변으로 대응하는 서바이벌 능력이 대단히 중요하다.

화성에서 산소를 확보하다

주인공의 기본적인 생활공간은 화성에 건설된 실험기지 같은 거주 모듈이다. 이런 거주 모듈이 있었기 때문에 생존할 수 있었던 것이다. 우주복만으로는 분명 하루 이상 생존할 수 없을 것이다. 그러나 물과 식량이 제한되어 있어 결국 굶어죽을 것이 뻔했다. 살아남기 위해서는 이 문제가 최대의 난관이다.

그래서 그는 감자를 시험 재배한다. 식물학자라는 설정은 참으로 믿음직스럽다. 원래 가져왔던 감자를 흙에 심어서 재배하려는 것이다.

화성의 흙은 기본적으로 철분이 많아 재배에는 적합하지 않다. 그래서 팀원들이 모아둔 유기 폐기물, 즉 똥을 비료로 사용한다.

여기서 커다란 문제는 재배에 필요한 대량의 물을 어떻게 마련하느냐, 하는 것이다. 식수가 제한되어 있으므로 그것을 감자 재배에 썼다가는 돌이킬 수 없는 상황이 될 수 있다. 그는 로켓 연료로 물을 합성하는 시도를 한다. 하이드라진Hydrazine이라는 연료에서 질소를 분리해 수소를 추출하는 것이다. 수소는 산소와 연소하면 원리상으로는 물이 된다. 그러나 수소는 대단히 가연성이 높은 기체이므로, 영화에서도 한 번 실패하여 대폭발을 일으킨다.

그럼에도 그는 포기하지 않고 다시 도전하여 물을 생성하는 데 성공해 화성에서 감자밭을 일구었다. 물론 거주 모듈 안에서 말이다. 생활공간의 절반 이상이 감자밭이 되었다.

여기까지를 미리 상정한다 해도 우선 보통 사람은 불가능한 생존 방법이다. 하지만 픽션인데도 많은 장면이 아주 그럴듯하게 현실감이 살아 있다. 영화는 비장감이 감돌기보다는 고독하지만 충실하게 화성 생활을 하려는 마크의 씩씩함이 인상적으로 그려진다.

그렇다면 실제로 '화성에서 살기'를 생각해보자. 아마도 현실적으로는 영화처럼 건설된 거주 모듈 내부에서밖에 살 수 없을 것이다. 물은 땅에 얼음 상태로 존재하고 있음이 확인되었으므로 어떤 커다란 장치로 얼음을 물로 바꿀 수는 있을지 모른다. 하지만 화성에서 사는 데 가장 치명적인 것은 대기가 거의 없다는 점이다. 거주 모듈 내부에서 생활하기 위한 산소와 질소를 미리 수송해서 확보해두어야 한다. 공기를 현지에서 구하지 못하면 언젠가는 이것들이 바닥나서 죽고 만다.

식물을 잘 키워서 국소적으로나마 대기를 생성할 수는 없을까? 그렇게 해서 산소만이라도 현지 생산이 가능하다면 이야기는 크게 달라진다. 실제로 나사NASA는 화성에서 식물 재배 실험을 시도하고 있다. 이것은 식량 문제 이상으로 대기를 현지 조달할 수 있느냐 하는 대단히 중요한 문제이다.

더욱이 식물보다 극한 상태에서 생존할 수 있는 미생물을 먼저 보내 화성의 환경을 바꿔버리자는 급진적인 주장을 하는 연구자도 있다. 아무튼 대기 문제는 아직 아이디어 단계이며 풀어야 할 숙제가 산더미처럼 많다.

이동이냐, 난방이냐?

마크는 지구에서 자기를 구조하러 오기를 기다리는 한편, 화성에서 스스로 탈출할 방법도 모색한다. 우선 그는 화성에 착륙한 우주선을 이용할 생각이다.

그가 있는 장소는 '아키달리아 평원'이라 불리는 곳이며 우주선이 있는 지점까지는 상당히 떨어져 있다. 이 평원은 화성에 실제로 있는 지명이다. 화성의 북위 46도 위치이며 1997년 마스 패스파인더Mars Pathfinder라는 화성 탐사선이 착륙한 장소이다. 화성에 있는 유명한 사람 얼굴 모양의 암석도 여기 있다.

화성에서 이동할 수 있는 차는 있지만 연료 보급이 문제다. 애초에 장거리 주행을 상정하지 않았으므로 가는 도중에 연료가 바닥나 버린다. 영화에서는 하루에 약 35킬로미터밖에 이동하지 못하는 것으로 나오며, 연료를 충전하여 장거리를 이동할 수 있는 연구를 한다.

그 밖에도 밤 기온이 영하 100도여서 난방기가 없으면 견딜 수 없다. 그대로는 순식간에 완전히 얼어 죽고 만다. 한편으로 연료를 난방으로 써버리면 이동 거리가 줄어든다. 그래서 그는 핵연료를 자동차 뒤쪽에 실어서 보온에 이용한다. 핵연료의 핵분열을 멈출 수는 없지만, 이렇게 하면 밤에도 얼어 죽을 염려는 없다.

핵연료가 적절한 온도를 유지할 수 있도록 조정하는 것은 약간 픽션 측면이 강하다. 계속 방사선에 피폭되는 상태이므로 훨씬 더 걱정스럽다.

인공중력을 만들어내려면?

이 무렵 화성을 떠난 다른 동료들은 어떻게 되었을까? 그들은 이미 지구로 귀환 중이다. 지구에서 화성까지는 약 10개월

걸리는 것으로 나온다. 실제로 화성까지 비행하는 시간은 어떤 시기에 어떤 궤도를 가느냐에 따라 상당히 차이가 크다고 한다. 화성과 지구의 거리는 약 8천만 킬로미터인데, 가장 가까울 때와 가장 멀어질 때의 거리 차이가 최대 약 3,500만 킬로미터에 이른다.

동료들이 타고 있는 우주선은 '헤르메스'라고 불린다. 여기서 우주선의 어떤 장면에서는 중력이 있는 것처럼 그려진다. 이것은 우주선에서 장기 체류하는 경우에 필요한 원심력 기술에 의한 것이다. 팽이처럼 중심이 되는 축과 주변의 회전하는 부분을 상상해보자. 회전 부분에 승선하면 적절한 원심력을 얻을 수 있으므로 우주선 내에서 가상으로 중력을 재현하는 것이 가능하다. 이런 우주선 설계는 언젠가 현실적으로 필요할 것이다.

그럼 지구와 같은 중력이 되려면 어느 정도의 회전속도가 필요할까? 예를 들어 지름이 100미터인 회전체라면, 14초에 1회전시킬 필요가 있다. 실제로 JAXA(일본 우주항공연구개발기구)는 우주정거장의 연구 시설인 '기보Kibo'에서 회전을 이용해 세포배양기에 인공중력을 발생시키고 있다. 이것은 지름 35센티미터이므로, 거의 1초에 1회전 정도 하면 지구와 같은 인공중력을 재현할 수 있다.

홀로 남겨진 남자 구출 작전

지금까지 화성에 남은 주인공과 우주선에 탄 동료들에게 초점을 맞췄다. 그렇다면 지구에서는 어떤 구조 방책이 고려되고 있었을까? 먼저 식량 등을 실은 보급선을 화성에 쏘아 올리는 계획이 세워진다. 그러나 도착 일수를 줄이기 위해 로켓 제작 마지막 단계의 점검을 많이 생략하는 바람에 보급선을 쏘아 올리는 일은 실패하고 만다. 그래서 급히 계획을 변경하여 동료들이 탄 헤르메스를 지구 둘레에 돌게 하면서 거기에 식량을 보급하고 다시 화성으로 향한다는 아이디어로 바꾸었다. 귀환시키지 않고 다시 500일의 연장 미션이 되는 것이다.

하지만 우주선을 다시 화성으로 돌려보내서 그를 데리고 오는 데는 왕복 일수에서 약간 무리가 있다. 이 계획의 문제점은 화성에서 주인공이 어떻게 우주선을 타느냐 하는 것이다. 달 착륙 때의 랑데부 방식처럼 우주에서 도킹하는 기술이다. 이것을 다짜고짜 시도하는 것은 대단히 위험하다. 우주공간에서 헤르메스가 그의 탈출선을 붙잡을 수 있는 시간은 50분 정도이다.

그때까지 맷 데이먼이 연기한 마크는 하루하루 말라가고, 체내에는 내출혈의 멍이 생겨나고 있다. 영양실조 직전이라는 묘사다. 그도 그럴 것이 그 무렵에는 하루에 감자 반 조각으로 연명해야 했기 때문이다. 너무 가혹하다. 그럼에도 어찌어찌하여 무사히 장거리 이동을 해서 탈출선이 있는 장소에 도착한다. 운 좋게도 이 옛날 유물이 무사히 기동하여 발사 가능하다. 이 대목은 픽션의 요소가 상당히 강한데, 아무튼 그리하여 그럭저럭 화성에서 탈출하는 데 성공한다. 탈출하는 타이밍 역시 마중 나온 우주선이 도착하는 시간에 맞추지 못하면 제대로 성공할 수 없는 계획이다.

12G라는 무시무시한 가속도가 붙어 기절하고 골절을 입으면서도 우주공간으로 나온 마크. 여기서부터 헤르메스와 도킹하는 대목이 최후의 볼거리다.

거리는 서로 70킬로미터나 떨어져 있다. 상대 속도가 초속 11킬로미터 정도가 안 되면 멋지게 인터셉트intercept하기 힘들다고 한다. 그러나 거리가 떨어져 있으므로 그것을 줄이려고 하면 초속 40킬로미터나 되어버린다. 스러스터thruster(우주복의 분사장치)를 이용하여 속도를 조정하자는 제안이 나온다. 심지어 우주복에 구멍을 뚫어서 내부 공기를 역분사해 역추력을 이용하려고 한다. 그야말로 손에 땀을 쥐는 대목이다. 물론 영화이므로 무사히 성공하여 마크는 헤르메스로 생환한다.

화성의 저녁놀

마지막으로 화성의 이모저모를 몇 가지 소개해보자.

화성은 지구보다 작고 중력은 약 3분의 1 정도이다. 영화에서 맷 데이먼은 지구에서처럼 움직이고 있지만, 중력이 30%라면 훨씬 무중력에 가까운 움직임이 되지 않을까 싶다. 화성에서 걸을 때도 달과 마찬가지로 약간 깡총거리는 듯한 움직임이지 않을까.

우주의 다양한 중력 환경에서 어떻게 활동이 달라지는지는 좀 더 다양한 검증을 해보자. 데즈카 오사무의 SF 만화 〈불새〉에서는 암석이 위로 올라가는 역중력이 작용하는 행성이 등장한다. 이처럼 인력이 위쪽으로 작용하는 행성이 실제로 있는데, 태양계에 있는 목성의 달, 이오ɪₒ이다.

정확히 말하면 이오는 행성이 아니라 목성 주위를 도는 위성(달과 똑같다고 생각하기 바란다)인데, 목성의 거대한 중력에 의해 강한 조석력潮汐力이라는 힘을 받고 있다. 이것은 바다에서 파도를 일으키는 힘이며, 지구에는 달에 의해 조석력이 일어난다.

바다의 밀물과 썰물의 원인이다. 이 조석력만으로 암석이 위로 떠오르는 일은 물론 없지만, 바다에서는 수십 미터나 되는 높은 파도가 일어난다.

이처럼 지구와는 다른 중력이나 조석력의 세계에서는 우리가 한 번도 본 적 없는 현상이 일어날 가능성이 충분하다. 실제로 이오에는 분화한 연기가 우주공간까지 올라가는 화산도 있고, 우주에는 얼음을 내뿜는 화산도 있다. 정말로 상상을 뛰어넘는 세계가 펼쳐지는 것이다.

또한 화성의 노을이 푸르다는 사실을 알고 있는가?

그보다 먼저 지구의 노을이 붉은 이유를 알고 있는가?

그것은 해가 비치는 지평선 근처에서 들어오는 빛이 낮에 비해 긴 거리, 대기 중을 통과해서 보다 강하게 산란하기 때문이다. 파장이 짧은 푸른빛이 낮보다 많이 제거되고 결과적으로 붉은빛이 남아서 지구의 노을이 붉게 보인다. 그러나 화성에는 공기층이 거의 없으므로 지평선에서 들어오는 빛도 낮과 크게 다름없이 거의 산란되지 않고 도달한다. 즉, 푸른빛이 산란되지 않고 남아 있으므로 푸른 노을이 되는 것이다.

지구의 붉은 석양과 상당히 다른 이미지다. 이것도 영화에서 묘사되었다면 상당히 리얼리티reality가 높아졌을 것이다. 지구와는 다른 멋진 푸른 노을이 화면에 펼쳐진다면 분명 화성에 매혹되었을 것이다. 〈마션〉에서는 가혹한 환경에서 생존하는 모습이 주로 그려지므로 이것만 보면 화성 따위는 가고 싶지 않다고 생각하는 사람들이 대부분일 수 있으니 화성다운 절경을 묘사해주기를 바란다.

태양계 행성을 무대로 한 다른 작품

그 밖에도 태양계 행성에 착륙하는 것을 소재로 하는 SF 작품이 있다. 많은 사람들이 오해하는 것이 있는데, 목성이나 토성은 가스 행성이므로 애초에 착륙할 지면이 없다. 그러므로 SF에서 인류가 목성이나 토성에 착륙하는 테마는 그 주위를 도는 위성을 무대로 할 수밖에 없다. 1981년에는 목성의 위성 이오를 무대로 한 영화 〈아웃랜드Outland〉가 숀 코네리 주연으로 만들어졌다.

지금까지 다루었던 현실감 있는 영화와는 장르가 다르지만, 〈쥬피터 어센딩Jupiter Ascending〉이라는 영화도 있다. 이 영화는 픽션 요소가 상당히 강하다. 일단 목성을 무대로 삼고 있으며 목성의 가스 속으로 우주선이 돌진했더니 그 안에 커다란 우주인의 시설이 나타나는 장면이 등장한다. 우주인의 시설이 가스 속에 둥둥 떠 있는지는 명확하지 않지만, 목성으로 돌진하는 분위기는 그럴듯하다. 또한 목성의 중력은 지구의 2배 이상이므로 그들의 근력이나 골격은 우리보다 압도적으로 강할 것이다. 그런 상태에서 지구에 온다면 우리가 달에서 움직이듯이 그들도 보통의 걸음으로 걸을 수 없다. 모든 생물은 그 행성의 고유한 중력 환경에 적응해 원활하게 움직일 수 있도록 진화해 왔을 것이다.

9장

논문으로도 제시된 블랙홀의 생생한 모습

- 〈인터스텔라〉

〈인터스텔라〉(2014)

"그들이 우리를 데려온 게 아니야.
우리가 우리를 데려온 거지."

— 쿠퍼

은하와 은하의 거리

태양계를 벗어난 우주여행물로 영화 〈인터스텔라 Interstellar〉를 소개한다.

〈테넷〉의 크리스토퍼 놀란 감독의 영화이다. 노벨 물리학상을 받은 미국의 물리학자 킵 손 Kip Stephen Thorne 박사가 감수를 맡아 과학적인 뒷받침도 탄탄하고 영상으로도 잘 구현된 작품이다. 두 사람의 팀워크는 〈테넷〉에서도 빛났다. 여기서는 영화 줄거리를 따라가면서 태양계를 벗어난 세계를 이야기해보자.

우선 〈인터스텔라〉의 우주선에도 〈마션〉에서 묘사된 것과 같은 원심력을 일으키는 기구가 나온다. 또한 장시간의 비행이므로, 냉동수면 같은 장치도 탑재되어 있다. 이 기술의 현주소를 완전히 파악하고 있지는 못하지만, 몇 년 전 미국의 대학에서 제브라피시 zebrafish라는 담수어의 배胚를 무사히 해동하는 데 성공했다는 뉴스가 있었다. 또한 냉동한 생식세포를 해동하여 이용하는 불임 치료 기술은 우리 일상에도 이미 존재한다. 수정란과 실제로 살아 있는 생체는 해결해야 할 문제 수준이 완전히 다르기는 하지만 포유류나 인류를 냉동시켰다가 다시 해동하는 기술도 분명 머지않은 미래에 실현 가능할 것이다. 유럽우주국 ESA은 냉동수면 기술을 20년 안에 실현하겠다고 했다.

영화에서 우주여행의 목적은 환경적 위기에 처한 지구를 벗어나 이주할 수 있는 행성을 하루빨리 찾아내는 것이다. 2년이 걸려서 토성에 도착하고, 거기서 알 수 없는 이유로 토성 부근에서 발생한 웜홀을 통해 이주할 만한 별로 향한다는 계획이다.

여러분은 은하에 대해 어떤 이미지를 갖고 있는가.

태양도 하나의 별이며, 그 밖에 수천억 개의 별이 모여 원반 모양으로 회전하고 있는 것이 은하이다. 태양계는 이런 은하 중에 하나인 우리은하에 속해 있으며, 전 우주에 은하가 약 2조 개 존재한다고 한다. 태양과 같은 행성계는 우주에 수없이 많다고 할 수 있으며, 지구와 같은 환경의 행성, 또는 거기에 생명체가 있을 가능성도 충분히 높다.

실제로 2021년 영국 《네이처Nature》에 "인공적인 전파를 수신할 수 있는 지구처럼 물이 있는 행성이, 우리 주위 100광년 이내에 29개 있을 가능성이 있다"는 기사가 실렸다. 이것은 태양계 이외의 외계행성을 자세히 탐사하는 프로젝트에서 얻은 데이터를 가지고 통계적으로 가능성을 추산한 수치다. 실제로 발견된 숫자는 아니지만 이미 우리 문명이 보낸 인공적인 전파가 그들에게 수신되었을지도 모른다.

단, 수신했다 하더라도 서로 원활하게 의사소통을 하는 데는 커다란 장애가 있다. 별들 사이의 거리가 너무 멀기 때문이다. 예를 들어 태양 옆의 별은 켄타우루스자리 알파성인데, 둘 사이의 거리는 약 4광년이다. 빛으로 교신한다 해도 기본적으로 왕복 8년이 걸린다. 현재까지 인공물로서 가장 멀리까지 간 것은 보이저 1호인데, 이제 겨우 태양계의 끝에 도착한 정도다. 거기에서 다른 행성계까지 가려면 다시 상상을 초월한 거리가 기다리고 있다.

이런 비현실적인 장거리 이동이 가능해야만 태양계를 넘어선 은하계의 SF 작품이 성립할 수 없다. 대부분 웜홀을 이용한 지름길이나 '워프'라고 불리는 순간이동 같은 가상의 기술이 설정된다. 〈인터스텔라〉는 태양계 안에 웜홀 입구가 있다는 설정으로 이 부분을 영리하게 해결하고 있다.

영화의 설정에서는 웜홀의 출구가 다른 은하라는 것이다. 우리은하조차 뛰어넘은 스케일의 이동이다. 우리은하에서 가장 가까운 은하는 안드로메다은하인데, 그것도 250만 광년이나 된다. 빛의 속도로 250만 년 걸린다는 것이다.

굳이 다른 은하를 택할 필요 없이 우리은하의 다른 행성이면 충분하지 않을까 하는 생각도 들지만 그 부분은 접어두자. 아무튼 토성 부근의 웜홀을 통해 주인공들은 다른 행성을 탐사하게 된다.

웜홀을 통과할 수 있을까?

영화에서 웜홀에 들어가는 모습을 그럴듯하게 묘사하는 부분이 재미있다.

먼저 저편의 은하가 구체 안에 둥실 떠 있는 모습이 보인다. 아무래도 이 구체가 웜홀인 것 같다. 우주선은 천천히 이 구체에 접근한다. 그리고 돌진하기 직전에, 팀원 하나가 '태양계와는 작별이다'라고 말하고, 다른 한 사람이 '굿바이, 우리은하'라고 말하고 웜홀로 침입해 들어간다.

웜홀이란 시공상의 다른 장소를 연결하는 터널 같은 것이다. 이것을 통과할 수 있다면 단숨에 다른 장소로 이동할 수 있으므로 워프가 가능하다고 알려져 있다. 그러나 단순한 물질이 웜홀을 통과할 수 있는지는 알 수 없다. 이론적으로는 마이너스 에너지가 필요하다는 연구가 있다.(24쪽 참고)

웜홀을 연구하는 학자도 있지만, 후보가 될 천체가 아직 관측되지 않았으므로 이론에 지나지 않는다. 웜홀 입구로 많이 거론되는 블랙홀에 관한 연구도 많다. 블랙홀에 떨어지면 웜홀로 이어진 화이트홀이 출구가 되어 우주의 다른 장소로 나온다는 가설이다.

화이트홀도 후보가 될 천체가 없으니 이론상으로 존재할 뿐이다. 하지만 드넓은 우주 어딘가에 존재할 가능성은 부정할 수 없다. 아직 관측되지 않았을 뿐이라는 것이다. 더구나 실제로 있는지는 제쳐두더라도, 어떤 물체가 그것을 통과할 수 있는지를 계산하여 논의할 수는 있으므로 이런 주제와 관련해서도 다양한 학설이 있다.

웜홀에 관한 몇 가지 과학적인 견해를 이야기해보았는데, 영화에서는 그런 골치 아픈 이야기는 제쳐두고 팀원들은 일단 웜홀을 통과한다. 그들 앞에는 이주할 만한 3개의 행성 후보가 있다.

7년 가까운 시간 차이가 생기는 이유

먼저 우주비행사들이 목표로 삼은 것은 '밀러 행성'이다. 밀러 행성은 출구에서 가장 가까운 천체인 것 같다. 그 옆에는 가르강튀아Gargantua라고 불리는 블랙홀이 존재하며, 중력에 의한 시간 지연에 의해 그 행성에서 1시간 체류가 우주선에서 7년에 해당하는 것으로 설정했다. 그러나 제대로 계산하면 이 정도의 시간 차는 상당히 무리한 설정임을 금방 알 수 있다. 똑같은 효과를 얻으려면 블랙홀의 지평선이라고 불리는 빛조차 빠져나 갈 수 없는 영역 아주 가까운 곳에 이 행성이 있어야 한다.

그러나 그런 곳에서는 행성이 안정적으로 공전운동을 할 수 없다고 알려져 있다. 안정적으로 존재할 수 있는 가장 안쪽의 궤도는 블랙홀 지평선의 3배이다. 즉, 블랙홀 크기의 3배까지 떨어져 있어야 한다. 안정된 공전궤도가 없으면 블랙홀로 떨어지게 되고, 행성 자체가 빨려 들어가 소멸된다.

블랙홀의 3배 거리에 있는 행성의 시간 흐름을 계산하면 0.81배이다. 이 행성에서 시간 지연은 20% 정도로 1시간 동안 머문다면 멀리서 대기하고 있는 우주선에서는 1시간 15분이 지나간다. 15분 지연되었다면 약간 지각한 정도이다.

또한 이 행성이 블랙홀의 지평선 아주 가까이 있다고 했을 때 다음으로 걸림돌이 되는 것은 모선으로 귀환하기 위해서는 블랙홀 근처의 강중력권을 탈출해야 한다는 점이다. 중력을 벗어나서 절대 탈출할 수 없다. 블랙홀의 지평선이란 세상에서 가장 빠른 속도를 가진 빛이 아슬아슬하게 탈출할 수 있을까 말까 한 경계 영역이다. 빛보다 훨씬 느린 탐사선은 편도 이동

뿐이므로 포기할 수밖에 없다.

한편 밀러 행성의 중력 자체는 지구보다 30% 정도 더 크다. 블랙홀에 의한 시간 지연이 생기는데 그 정도인가 하고 생각할지 모르겠지만 딱히 틀린 것은 아니다. 시간이 대단히 늦다고 해서 그만큼 행성의 중력이 크지는 않다. 행성의 중력은 어디까지나 행성의 크기만으로 결정된다.

시간 지연이란 밀러 행성과 모선처럼 상대적인 것에 지나지 않는다. 시간이 천천히 흐른다고 해서 체감상으로도 천천히 움직이는 것이 아니라, 다른 중력 환경을 서로 비교했을 때 비로소 시간 지연을 실감할 수 있다.

이 행성은 중력도 크지만 조석력도 대단히 강력해서 거대한 파도가 우주선을 덮칠 정도다. 이처럼 지구에서는 볼 수 없는 다이내믹한 현상을 실제 영상으로 멋지게 그려냈다. 상상 속의 우주 환경을 영화로 실감할 수 있는 것이다.

다른 한편으로 이 장면을 조금 주의 깊게 보면 배경의 풍경 빛깔에서 이 행성의 환경에 대해 이런저런 의문도 솟구친다.

먼저 통상의 태양계처럼 태양의 위치에 블랙홀인 가르강튀아가 있고, 그 주위를 행성이 공전하는 것만으로는 성립하지 않는다. 화면에서는 언제나 하늘이 밝으므로 태양 역할을 하는 별이 있을 것이다. 현실적으로도 가능한 블랙홀과 별의 쌍성일 수도 있다. 또한 이 행성에는 바다가 있다. 배경 설정으로 존재하는 태양과 이 행성은 물이 액체 상태로 존재할 수 있는 적절한 거리에 있어야 한다. 이런 조건들에 더해 앞에서 나온 시간 지연이 실현되는 블랙홀과의 거리를 전부 만족시키도록 모든 천체를 설정하면, 과연 이 행성계의 환경은 어떨까?

지구와의 통신

밀러 행성에서는 불과 몇 시간밖에 체류하지 못한다. 높은 파도 때문에 이 행성의 정보가 기록되어 있는 관측기조차 회수하지 못하고, 우주비행사들은 소형 우주선으로 이 행성을 탈출한다.

앞에서도 말했듯이 소형 우주선만으로는 지구보다 큰 행성에서 탈출하기 힘들다. 지구 이상의 중력권에서 탈출하려면 질량의 대부분을 태워서 버려야 한다. 소형 우주선의 질량보다 큰 질량의 연료 우주선을 미리 착륙해두지 않으면 안 되는 것이다. 영화는 어디까지나 픽션이므로 그 대목은 너그럽게 넘어가자.

그들이 간신히 대기하고 있던 우주선으로 돌아왔을 때는 기다리고 있던 팀원이 거기서 23년이나 되는 세월을 보냈다. 그야말로 우라시마 다로(일본의 옛이야기 중 하나로, 우라시마 다로라는 어부가 거북이를 구해준 보답으로 용궁에 초대받아 3년을 지내고 고향으로 돌아오니 인간 세상은 300년이 지나 있었다는 내용이다.-옮긴이)의 역현상이다. 23년 동안이나 대기하고 있던 팀원들의 고독은 상상을 초월한다.

그들이 밀러 행성에 가 있는 동안 지구에서 많은 메시지가 도착해 있었다. 주인공은 메시지를 하나하나 열어본다. 그러나 이곳은 우리은하를 넘어 수백만 광년이나 떨어진 곳이다. 일반적인 통신으로 했다면 그동안 인류는 확실히 멸망했을 것이다. 웜홀을 잘 통과하는 통신수단을 발견했으리라. 그러나 이 통신이 가능하다면 유인 탐사선을 보내기 전에 무인 탐사도 가능하므로 그 대목이 약간 마음에 걸린다. 예를 들어 어떤 우주인들이 자기 행성이 멸망하여 이주할 목적으로 지구를 공격한다면, 궁지에 몰리는 상황이 벌어지기 전에 먼저 수십 년에 걸쳐 무인 탐사선을 보내 철저하게 조사하고 훨씬 단계적으로 이주하지 않을까, 하는 의문이 든다.

다시 그 남자가 남겨졌다

후보 행성은 이제 2개 남았다. 그중 어디로 갈지를 두고 격론이 벌어지는데, 최종적으로는 사전에 행성 조사를 떠난 만 박사가 있는 곳으로 정한다.

만 박사는 〈마션〉에 이어 맷 데이먼이 연기하고 있다. 심지어 그는 이 영화에서도 고독하게 이주 후보지인 행성에서 대기한다는, 비슷한 상황에 처한 주인공을 연기하고 있다. 두 번씩이나 무인 행성에서 하염없이 기다리다니……. 정말 대단하다.

그들은 팀원들이 도착하기까지 동면하고 있던 만 박사를 깨워 이 행성의 이주 가능성을 검토한다. 이 행성은 기본적으로 얼음 행성 같다. 낮이든 밤이든 기온이 낮고 구름까지 얼어붙었으며 하루 중 낮이 67시간으로 상당히 길다. 중력은 지구보다 20% 정도 적어서 원심력이 없는 국제우주정거장의 중력과 거의 비슷하다.

이것만 들으면 얼핏 생명체가 살아가기에 적당하지 않은 환경처럼 보인다. 그러나 만 박사는 얼음 아래가 희망적이며, 유기물이나 대기가 되는 성분을 기대할 수 있다고 말한다.

하지만 이것은 만 박사의 거짓말이었다. 〈마션〉의 성실하고 긍정적인 역할과는 달리, 만 박사는 이 행성에서 자기 혼자 탈출하기 위해 대원들을 배신하려 했던 것이다. 이 대목이 두 편의 영화를 단기간에 연속해서 보았던 나를 혼란스럽게 만들었다. 화성에서는 영웅적인 인물이었는데 '이게 뭐야' 하고 서글픈 심정이 되었다.

결국 만 박사의 배신은 성공한다. 그는 탈취한 소형 우주선을 타고 우주공간에서 대기 중인 모선을 향해 도킹을 시도한다. 그러나 수동 조작을 하던 중 무리하게 도킹을 강행하다 에어록이 불충분하여 소형 우주선이 통째로 산산조각 나서 죽고 만다.

이것은 아주 심각한 장면인데, 그것과는 반대로 소리 없는 대폭발 장면을 연출한 것에 감탄했다.

우주를 무대로 한 SF 작품에서는 〈스타워즈〉를 필두로 우주공간에서 전투할 때 큰 소리로 싸우거나 폭발하기도 한다. 하지만 실제 우주공간은 진공이므로 소리가 전혀 전달되지 않는다. 물론 화려한 액션에 소리가 없다면 아무래도 허무하게 보이므로 영화에서 그 정도는 양해할 만하다. 반대로 소리 없이 우주공간의 공포를 느끼게 해주는 〈인터스텔라〉의 폭발 연출도 그럴듯하다. 우주전쟁물도 멋진 무음 연출을 고려할 만하다. 소리도 없고 고요한데 갑자기 빠른 속도로 날아오는 폭발의 파편이 우주선의 창을 관통하는 것과 같이 소리에 의존하지 않는 박진감 넘치는 장면을 연출할 수 있을 것이다.

블랙홀 내부로의 우주여행

최종적으로 주인공은 블랙홀인 가르강튀아로 향한다. 블랙홀 영상은 킵 손 박사가 실제로 블랙홀 주변 빛의 궤도를 일반상대성이론으로 계산한 화상을 토대로 대단히 현실감 있게 연출했다. 그는 대단히 충실한 연구자이며, 이 영화를 위해 이용한 코드 개발(빛이 어떻게 전파되어 보이는가에 대한 계산) 수법 자체를 학술논문으로 정리했다. 2019년에 인류가 최초로 시각화한 블랙홀 영상이 공개되었는데, 이 영화의 블랙홀 영상과 비교해서 소개될 정도로 정확하게 만들어졌다. 영화를 찬찬히 한 번 보기 바란다.

주인공이 블랙홀로 향하는 목적은 중력과 양자역학의 통일장이론을 완성하는 데 필요한 데이터를 얻기 위해서이다. 앞에서도 다루었지만, 통일장이론이란 자연계의 4가지 힘을 통일적으로 다루는 궁극의 이론이다. 이것을 완성하기 위해 블랙홀의 특이점이 과학적으로도 중요한 역할을 하므로, 그 정보를 얻으러 가는 것이다.

특이점이란 간단히 말하면 물질 에너지가 무한대로 발산되는 것을 의미한다. 여기서는 통상적인 물리량을 예언할 수 없으므로 특이점이 관측 가능하면 이론이 파탄 나고 만다. 이것을 벌거숭이 특이점naked singularity이라고 한다. 2020년에 노벨 물리학상을 받은 로저 펜로즈 박사는 스티븐 호킹 박사와 함께 블랙홀의 특이점이, 어떤 수학적 조건이 갖춰진다면, 벌거숭이 상태로 나타나지 않을까 하는 가설을 증명하기 위한 연구를 했다. 블랙홀은 통상 특이점 주변을 지평선이 감싸서 숨기고 있으므로, 특이점은 벌거숭이가 아니며 직접 관측되지 않는다. 이것은 물리학의 통일장이론에 관련된 궁극적인 영역이므로 물리학의 미래를 짊어질 개척지라고 할 수 있다.

한편 블랙홀에 들어간다는 것은 결코 나올 수 없다는 것을 의미한다. 이 대목에서 과학적인 모순이 많아지므로 더 이상 깊이 들어갈 필요 없다. 일단 어떻게 나오는지를 그럴듯하게 해석해보자. 그것은 블랙홀에서 에너지를 끌어내는 펜로즈 과정Penrose Process을 이용한 방법이다.

상세한 설명은 생략하지만 블랙홀에는 크게 두 종류, 즉 회전하지 않는 것과 회전하는 것이 있다. 회전하는 블랙홀에서는 작용권ergosphere이라 불리는 특수한 영역이 있으며, 이론적으로는 여기에서 에너지를 얻을 수 있다. 그러나 현실감이 없는, 어디까지나 원리적인 시나리오다. 영화에서는 이 과정을 이용해 운동량을 획득하여 탈출한다.

〈인터스텔라〉에서 바라본 고차원 세계

아무튼 블랙홀 내부에서 그는 무사히 특이점 데이터를 지구로 송신한다. 여기서 갑자기 블랙홀 내부에 고차원의 입체구조물이 등장한다. 영화에서는 이 데이터에 의해 방정식이 풀리면 통일장이론이 완성되어 고차원의 시점을 가질 수 있다고 말한다.

이 고차원 공간과 영화 첫머리 유령의 방 설정이 연결된다. 첫머리에서는 주인공의 집에서 아무것도 없는 곳에 모래가 떨어지거나 책꽂이에서 책이 규칙적으로 마구 떨어진다. 사실은 하이퍼큐브 Hypercube 공간이 그 방으로 이어져 있어서, 5차원 방향을 사용하여 특이점 데이터를 모스 신호로 자신의 딸에게 전달한다는 것이다. 애초에 모스 신호로 전달할 수 있는 특이점 특유의 데이터가 무엇인지 과학적으로 설명하기는 어렵다. 여기서는 5차원 우주 모델에 대해 잠시 설명해보자.

통일장이론의 현재 후보인 초끈 이론에서는 시간 1차원에 더해 공간은 9차원이나 있다. 이것은 우리가 살아가는 3차원 공간의 세계와 양립할 수 없으므로 보통은 콤팩트화라는 나머지 공간 차원을 작게 통합하는 조작을 한다. 그중에 브레인 우주라는 것이 있다.

이것은 막우주라고도 하는데, 막 위가 3차원 공간에 대응하고 있으며, 여분의 1차원 공간 방향이 막이 이동하는 차원이 된다. 예를 들어 욕실의 '샤워 커튼'이 막우주이고, 그 위에 달라붙어서 떨어지는 '물방울'이 우리를 포함한 모든 입자다. 물질은 모두 이 커튼 위에서만 이동할 수 있다. 이것이 3차원 공간 방향이다. 그러나 커튼 자체는 커튼레일 위를 이동할 수 있으므로 4차원 공간에 대응하고 있다. 커튼 위의 물방울은 커튼을 떠나서 4차원 공간 방향으로 이동할 수 없다. 이른바 구속된 상태인 것이다. 더욱이 여기에 시간까지 넣으면 합쳐서 5차원 우주모델이 된다. 영화에서는 이 5차원 공간을 이용하여 딸의 방에 책을 떨어뜨리는 방식으로 메시지를 전달한다.

브레인 우주 모델에서 이 차원에 전파할 수 있는 것은 통상적인 물질이 아니라 중력파라는 시공의 물결뿐이다. 중력파는 확실히 중력에 위한 것이므로 영화처럼 무심히 책을 떨어뜨리는 것과 같은 역학작용이 가능할 것 같지만 상당히 힘들다. 중력파는 물질과의 상호작용이 대단히 낮다. 2016년 인류 최초로 우주에서 온 중력파를 관측했는데, 지금까지 존재한다는 것은 알고 있었지만 100년 가까이 관측하지 못했던 것은 이 신호가 대단히 작기 때문이다. 신호가 작다는 것은 이 전파를 이용하여 물건을 이동시킬 수 없다는 의미다. 이 전파를 쏴도 물질을 그냥 지나쳐버릴 것이다. 그러므로 중력파만이 전파되는 고차원을 이용하더라도 메시지를 보내는 것은 사실상 불가능하다.

이 영화에서는 이런 고차원을 중력 이외의 '사랑'이 전파하는 것으로 설정하고 있는 느낌이 든다. 사랑으로 설명된다면 더 이상 할 말이 없지만, 아무튼 고차원의 시점이므로 시간을 뛰어넘어 과거에 간섭할 수 있다고 간단히 생각해서는 안 된다. 현재의 고차원 우주 모델에서는 기본적으로 시간의 차원은 증가하지 않는다. 물론 영화는 픽션이므로 표현 방법은 자유다. 다만 과학적으로 논의하는 경우, 고차원이므로 시간상으로도 자유롭게 과거와 미래가 보인다는 것은 사랑으로 설명하는 것과 크게 다르지 않다.

10장

성간비행의
필수 앱

- 〈스타워즈〉 시리즈

〈스타워즈〉 시리즈 (1977~2019)

"그는 자신의 길을 가야 해요.
아무도 대신 선택할 수 없어요."

− 레이아 공주

우주를 끌어들인 가족

다음으로 은하계 전체, 즉 행성과 행성 사이를 이동하는 성간비행을 설정한 SF 작품을 이야기해보자.

대표적인 영화는 역시 조지 루카스 감독의 〈스타워즈Star Wars〉 시리즈다. 1977년에 첫 시리즈로 개봉된 것은 에피소드 4였다. 긴 장편 이야기를 중간부터 만들어서 개봉한 이유는 당시에는 CG를 비롯한 영화기술이 발달하지 못했기 때문이다. 에피소드 4~6까지 개봉된 것은 1983년이었는데, 그 후 마침내 루카스 감독의 구상을 구현할 수 있는 영상기술로 에피소드 1~3이 제작되었다. 1999년 에피소드 1, 2005년 에피소드 3이 개봉되었다. 여기까지만 해도 긴 역사를 갖고 있으며, 이례적이라고 할 수 있을 정도로 장대한 스페이스 오페라Space Opera로서 확고한 자리를 지키고 있다.

그 후 감독이 J. J. 에이브럼스, 라이언 존슨으로 바뀌어 3개의 에피소드가 더 제작되었다. 2015년 에피소드 7, 2019년 에피소드 9가 개봉되었다. 긴 스토리를 자세히 소개하는 것은 생략하지만, 결국 루크 스카이워커라는 집안의 이야기다. 에피소드 1~3에서는 다스베이더가 되는 아나킨 스카이워커가, 에피소드 4~6에서는 그의 아들 루크가, 에피소드 7~9에서는 그의 딸 레이가 주인공으로 활약한다. 은하계를 뒤흔든 정말 소란스러운 가족이다.

이 영화의 가장 큰 매력은 다양한 행성의 인종과 캐릭터가 등장하는 대목이다. 특히 제다이라는 기사 집단이 아주 멋지게 묘사되므로 그들의 활약에 매혹된 사람도 많을 것이다. 나는 개인적으로 에피소드 1과 에피소드 3을 좋아한다. 에피소드 3에서는 모든 작품을 통틀어 가장 많은 제다이가 집결하여 대규모 전투를 벌이는 장면이 훌륭하다.

에피소드 1에서는 아나킨의 스승이 되는 2명의 제다이가 다스 몰 Darth Maul이라는 광선검을 사용하는 붉은 악마 같은 적과 일격을 겨루는 장면이 특히 마음에 든다. 검도처럼 격투를 벌이기 전에 숨을 가다듬고 적과 예를 갖추어 대결하는 격투 장면은 어딘지 모르게 친근감이 느껴진다. 제다이 복장도 유도복과 비슷하여, 일본을 좋아하는 루카스 감독다운 대목이라고 할 수 있다.

은하계를 지배한다는 것은

〈스타워즈〉에서는 제국군 다스베이더를 필두로 악의 집단이 은하계 지배를 꾀한다. 여기서 은하계 지배란 과연 어떤 것인지를 잠깐 생각해보자.

먼저 우리 태양계가 은하의 어디에 위치하는지 알고 있는가? 우리은하의 반지름 크기가 5만 광년이다. 그 반지름의 거의 한가운데쯤에 우리 태양계가 있다. 은하 중심에는 거대한 블랙홀이 있으며, 그 주변을 둘러싸듯이 팽대부膨大部(은하 원반의 중심부에 나이 많은 별들이 많이 분포되어 볼록하게 부풀어 오른 부분-옮긴이)라는, 별이 빽빽하게 모인 부분이 있다. 이것들을 중심으로 은하의 별들은 세탁기처럼 빙글빙글 회전하고 있다. 한 바퀴 도는 데 약 2억 5천만 년 정도 걸린다고 한다.

이 시간 스케일이 생명이나 문명 스케일과 얼마나 동떨어져 있는지 생각해보자.

태양계 전체를 지배하고 싶다 해도 행성이라면 기껏해야 해왕성까지다. 지배하려면 통신을 이용해 전달 사항을 주고받아야 한다. 하지만 지구에서 해왕성까지는 빛으로 편도 4시간 정도, 해왕성의 공전주기는 약 165년이다. 공전 시간은 크게 관계없다 해도 왕복 통신을 하는 데 한나절은 걸린다.

은하계 규모라면 족히 수만 년은 걸릴 것이다.

10만 년이나 지속되는 문명은 아무리 우주가 넓다 해도 무리한 느낌이 든다. 인류라면 4대 문명부터 헤아리더라도 대략

1만 년 정도 지속되었다. 그런 개인적인 나름의 근거는 문명이 고도로 발달할수록 한순간에 전 세계를 파멸할 수 있는 과학병기가 개발되므로 불안정 요소도 기하급수적으로 늘어나기 때문이다.

이미 자국의 문명이 멸망했을지도 모를 수만 년이라는 시간에 걸쳐 통신이 가능한 거리에 있는 행성을 어떻게 지배한다는 것일까? 지구상에서 다른 나라를 지배하는 것과는 차원이 다르다.

은하계라고 해도 비교적 거리가 가까운 천체를 상정한다면 그나마 이해할 수 있다. 예를 들어 태양에서 2천 광년 이내에는 지구에서 보이는 별자리의 별이 있다. 별자리는 어디까지나 맨눈으로 볼 수 있는 별을 천공에서 선으로 연결한 것에 지나지 않으므로, 기껏해야 이 거리의 범위 안에 있는 별이 주인공이 된다. 하지만 2천 광년 정도 떨어진 별이라도 통신하려면 몇천 년이 걸린다. 예수가 태어날 무렵에 보낸 메시지에 대한 답이 지금 올 텐데 대화가 가능할까?

지배라는 것은 통신을 떠나 직접 현지에 가야만 하므로 역시 성간이동을 어떻게 하느냐가 최대의 열쇠다. 단숨에 몇 광년을 이동할 수 있다면 분명히 통신도 단축할 수 있을 텐데, 영화에서는 그런 측면의 스케일감을 대충 '은하'라고 얼버무리고 있다. 나는 지배할 수 있는 범위가 기껏해야 수십 광년 이내라고 생각한다. 아무리 기술이 미지수라고 해도 이동이나 통신을 생각하면 타협해서 그 정도 은하 한 귀퉁이를 지배할 수 있지 않을까? 그만큼 별들 사이의 거리는 압도적으로 멀리 떨어져 있으며, 우주는 별들의 공간이라기보다는 그야말로 아무것도 없는 공간이 영원히 계속된다고 생각하는 것이 실제 규모에 가깝다고 할 수 있다.

지배하는 목적은 물자나 인재 등의 자원을 획득하는 것이겠지만, 별들 사이의 거리를 생각하면 기껏해야 하나의 행성계에서나 가능할 것이다. 그래도 태양계를 지배할 수 있는 문명인 것만으로도 충분히 대단하다. 훨씬 멀리 떨어진 다른 별과 그 주변의 행성은 물자 수송 등이 현실적으로 불가능하므로 과연 어떤 목적으로 지배하려는 것일까? 지금까지는 진짜 목적을 말한 SF 작품의 악당이 없는 것 같다.

성간이동을 전제로 한 스페이스 오페라 중에 〈스타워즈〉와 비슷한 작품으로 〈스타트렉Star Trek〉이 있다. 〈스타워즈〉보다 인종이 다른 우주인들 간의 교류나 휴먼 드라마 중심으로 미국 드라마 특유의 소프 오페라 형식을 취하고 있다.

성간비행을 과학적으로 생각해본다

성간이동 방법을 과학적으로 생각해보면 지금까지 등장한 웜홀을 이용하는 것과는 달리 알쿠비에레 드라이브Alcubierre Drive라는 이론이 제안되었다. 간단히 말하면 우주선의 전후 시공을 왜곡하여 빅뱅(우주 대폭발) 같은 시공 구조를 실현한다는 아이디어다.

최초의 우주는 빅뱅이라는 밝은 구체 같은 것이다. 거기에서 우주는 급속히 팽창해왔다. 시공의 왜곡을 곡률이라고 하는데, 빅뱅에서 곡률은 원리적으로는 무한대이다. 이것과 마찬가지로 우주선의 후방에서도 소규모의 빅뱅 같은 곡률을 생성해서 추진력으로 이용하는 것이다. 초기 우주 대폭발에 편승해 우주선을 이동시키는 이미지라고 할 수 있다.

이 아이디어를 제안한 알쿠비에레 박사는 〈스타트렉〉 시리즈에서 묘사하고 있는 워프 기술에서 아이디어를 얻었다고 한다. 그야말로 영화가 보여준 상상의 세계를 과학으로 살린 사례이다. 그러나 이 아이디어를 실현하는 데 필요한 에너지를 계산하면, 우주 전체의 에너지보다 자릿수가 크다는 것이 가장 큰 흠이다. 〈스타트렉〉에서는 엔터프라이즈호라는 배가 워프 필드에 감싸여 광속을 뛰어넘는다는 설정이다. 알쿠비에레 드라이브처럼 선체의 앞뒤에서 시공이 왜곡된다는 것이다.

광속을 뛰어넘는다는 의미에서는 타키온이라는 가상 입자가 제안되었다.(57쪽 참고) 이것은 자연계에서 관측된 것이 아니라 어디까지나 이론상의 존재다. 타키온이 정말로 존재하고 그것을 인공적으로 조작할 수 있다면 초광속 이동이 가능할지도 모른다. 예를 들어 직접 이동하지는 못하더라도 타키온 입자를 이용하면 광속을 뛰어넘는 통신이 가능하므로, 가까운 다른 행성계와도 연락하기 쉬워진다.

그 외에도 광속이라는 한계속도를 깰 수 있는 물질은 원리상으로는 과거로 메시지를 보낼 수도 있으므로 타임머신도 성립할 수 있다. 다만 타키온이 정말로 존재하는지는 확실하지 않으며 아직까지 타키온의 후보가 되는 소립자도 전혀 발견되지 않았다.

동면 기술의 필요성

〈스타트렉〉에서는 다음과 같은 대사가 나온다.

"워프 기술이 개발되어 동면 장치를 이용할 필요가 없어졌다."

이것은 분명 그렇게 될 것이다. 비행 방법이 현재와 그리 달라지지 않고 수십 년이라는 장시간의 비행이 필요하다면, 인체를 가사 상태로 만드는 동면 장치가 필수이다. 한편 비행 방법이 워프로 실현된다면 그런 기술은 더 이상 필요 없을 것이다.

영화 〈패신저스Passengers〉에서는 이 동면 장치에 얽힌 패닉 상황이 그려진다.

새로운 거주 행성으로 가기 위해 120년간 동면 상태에서 이동해야 하는데, 5천 명의 승객 가운데 갑자기 두 사람만 90년이나 빨리 눈을 뜨고 말았다. 일반적이라면 다시 한 번 장치에 들어가면 되겠지만, 그렇게 할 수 없다는 설정으로 이야기가 전개된다. 폐쇄된 세계에서 단둘이 90년 가까운 시간을 보낸다는 것은 상상하기조차 끔찍할 것이다.

앞에서도 잠깐 이야기했지만 우주여행에 한해서는 가사 상태로 만들어주는 동면 장치는 난치병 치료나 연명 목적의 수요가 있을 만한 미래 기술이다. 어떤 의미에서는 미래로의 시간 여행이며, 현재 의학으로는 치료하기 힘든 신체라도 100년 후에 눈을 뜨면 치료할 수 있을 것 같다. 어떤 용도로 이용할 것인지는 별개로 하더라도 동면 기술은 좀 더 현실적으로 개발을 진행해도 좋을 것이다.

양자 텔레포테이션

〈스타트렉〉에서는 워프 기술 이외에 정석적인 전송 기술이 등장한다. 이것은 양자 텔레포트라는 과학기술에 가깝다. 양자 텔레포테이션 자체는 수상한 공상과학이 아니라, 양자 얽힘을 이용한 실증 가능한 현상이다. 실제로 양자라는 마이크로 입자의 세계에서는 텔레포테이션 같은 전송이 가능하며, 실험으로 확인되기도 했다.

그러나 전송이라고 해도 어떤 물질이 이동하는 것이 아니라 입자가 갖고 있는 성질이 순식간에 멀리 전달된다는 표현이 적절하다. 구체적으로는 전자의 스핀 spin이라는 성질이다.

전자는 톱 top과 다운 down 두 종류의 스핀이라는 성질을 갖고 있다. 스핀은 자전이라는 회전과 자주 혼동되는데, 이것은 우리의 직관에 따른 역학에서는 나타날 수 없는 양자 특유의 성질이다. 예를 들면 '스핀이 1/2이므로, 2회전하면 원래로 돌아온다'는 표현이 종종 눈에 띄는데, 오히려 이것이 혼란을 일으킨다. 단순히 두 종류의 상태가 있다는 정도만 알면 된다.

전자는 기묘하게도 2가지 상태를 동시에 취할 수 있다. 이것이 이른바 슈뢰딩거의 고양이라고 불리는 중첩의 원리다. 심지어 전자는 2개가 한 쌍으로 'A전자가 톱, B전자가 다운', 'A전자가 다운, B전자가 톱'이라는 2가지 상태를 중첩시키는 것도 가능하다. 이런 특별한 상태를 '양자 얽힘'이라고 한다.

이것들을 서로 떨어진 장소에 두고 A의 스핀을 관측해보자. 그러면 그 순간 B의 스핀 상태가 결정된다. 참으로 기묘한 관계이다. 예를 들어 A가 톱이라면 B는 다운이 된다. B의 상태는 A의 상태가 관측으로 결정된 순간 정해지는 것이다.

어떤 정보가 전달되는 속도는 보통 광속도를 넘지 않는다. 그러나 이 현상은 원리적으로는 아무리 거리가 떨어져 있다 해도 광속도를 넘어서 순식간에 전달되는 완전히 새로운 정보 전송 기술이다. 다시 한 번 말하지만 여기서는 물질 자체가 전송되는 것이 아니다.

이것을 응용하면 겉보기에는 물질을 전송할 수 있다. 전송받는 곳에서 받은 정보를 토대로 물질을 재구축하면 된다. 전송받는 곳과 입력원에 똑같은 물질을 미리 준비해두고, 스핀 정보 등의 데이터를 전송해 입력원의 물질과 완전히 똑같은 것을 재구축하는 것이다.

현재 이 전송의 최대 크기가 원자라고 알려져 있다. 이 현상과 함께 전송 기술을 생각해보자. 먼저 원자를 규칙적으로 배열한 금속 조각 같은 무기물을 전송할 수 있을까? 현실적으로 원자 크기까지 전송 가능하므로, 먼저 이 금속을 각각의 원자로 분해해서 정보를 독립적으로 전송한다. 그리고 전송받은 정보를 토대로 다시 이들 원자를 합성하는 단계적인 작업이 필요할 것이다. 서로 다른 원자가 결합된 경우에는 전송받은 곳에서 합성하는 작업만으로도 많은 과제가 있을 것 같다. 이것은 제1부의 시간여행 방법에서도 설명했던 양자 수준의 시간 이동에 가까운 메커니즘이다.(26쪽 참고) 〈터미네이터〉 부분에서도 이야기했듯이 로봇이나 옷을 전송하는 것이 간단하다. 생물을 보낸다는 것은 원자에서 생명을 다시 합성하는 것과 같으므로 무기물 전송과는 차원이 다르다.

현실에서는 나사NASA가 40킬로미터 떨어진 지점으로 광자의 양자 전송에 성공했다는 뉴스는 있지만, 종합하면 전송 기술은 아직 SF의 영역을 벗어나지 못하고 있다. 그래도 이런 전송 기술이 초미래의 과학기술로 진지하게 논의되는 날이 올지도 모른다고 생각하면 가슴이 설레지 않은가.

성간비행의 필수 앱

마지막으로 〈스타워즈〉를 비롯한 성간비행이 존재하는 세계가 있다고 했을 때 가장 먼저 필요한 앱이 무엇인지 생각해보자.

우주여행을 할 때 지구와 같은 2차원 지도는 필요 없으며 3차원 지도가 아니면 의미 없다는 것은 알고 있을 것이다. 〈스타워즈〉 에피소드 2에서는 제다이 도서관에서, 제다이가 공간 상에 투영한 3차원 별 지도를 펼치고 목적지 별을 찾는 장면이 있다. 그 지도에서 목적지를 찍으면 구글맵처럼 자세한 정보가 나온다.

이런 지도는 우주여행에 없어서는 안 된다. 여기에 하나 더 추가하고 싶은 것이 있다. 바로 목적지 별에서 보이는 별자리 지도다.

별자리란 3차원적 거리가 있는 별들을 밋밋한 2차원으로 투영한 것이다. 지구의 밤하늘에서 어떤 형태로 보이든 다른 행성에서는 완전히 다른 형태로 보인다.

그런데 지구에서 보이는 2차원 별자리 지도를 토대로 우주인이 사는 행성에 처음으로 착륙했다고 하자. 현지의 우주인이 '어디에서 왔는가?'라고 물으면 지구인의 관점에서 '거문고자리 쪽에서 왔다' 또는 '오리온자리 쪽에서 왔다'고 대답하면 될까? 아마도 이 대답은 전혀 통하지 않을 것이다. 기적적으로 상대 우주인이 지구에서 보이는 별의 위치를 숙지하고 있지 않는

한, 어디서 왔는지 전달하기 위해서는 착륙한 행성에서 보이는 별자리를 토대로 대답해야 할 것이다. 그래서 목적지 별에서 보이는 별자리를 표시한 앱이 반드시 필요하다.

좀 더 정확히 하려면 행성마다 자전 방향도 고려할 필요가 있다.

행성마다 자전축의 방향이 다르며, 같은 행성계에서 보이는 별자리의 상대적인 위치는 같아도 북극성이 되는 별자리는 달라진다. 예를 들어 옆으로 누워서 돌고 있는 천왕성은 지구와는 다른 별을 북극성으로 삼아 돌고 있으며 남극성이 오리온자리에 해당한다. 또한 금성은 자전 방향이 지구와 반대이므로 별자리의 일주운동도 천천히 서쪽에서 동쪽으로 이동한다.

심지어 그 행성의 어떤 위도에 착륙했는지에 따라서도 별자리가 다르게 보인다. 지구에서도 북반구의 별자리 일부는 남반구에서 위아래가 반대이다. 오리온자리가 남반구 하늘에서는 거꾸로 서 있다. 그러므로 지도를 확대해서 목적지 행성을 선택하고, 그 행성의 어디에 착륙할 것인지를 선택하여, 별자리를 표시한 앱이 성간비행에는 절대로 중요한 아이템이다. 지면으로 이어진 지구상의 위치와는 전혀 다른 우주에서는 서로에게 어떻게 보이는지를 생각하지 않으면 대화가 이루어질 수 없다는 것을 알아두자.

이처럼 자유롭게 성간이동을 할 수 있는 기술이 있다고 했을 때 어떤 행성에서 우주인과 교류하려고 한다면 처음에 어떤 장소부터 탐사할까? 지구로 치면 대도시와 같이 밝은 곳부터 선정하는 것이 좋을까? 아니면 이산화탄소와 같이 뭔가 문명의 지표가 되는 대기 성분으로 선정해야 할까? 생각해보면 재미있을 것이다.

지구에서 4대 문명은 큰 강을 끼고 일어났다. 그리고 무슨 이유인지 주로 북위 30~40도 범위에 있다. 대륙의 형태에 요인이 있을까, 아니면 기후 때문일까? 남미의 문명까지 포함하면 지구에서는 적도를 포함해 북위와 남위 각각 40도 범위와 고대문명의 발상이 어떤 관계가 있는 것 같다. 언젠가 우주의 다른 문명이 발견되었을 때는 그 행성의 위도나 대륙, 큰 강과의 관계 등을 다양하게 비교해서 조사할 수 있을 것이다. 우주인의 인류학이라고 부를 만한 비교를 할 수 있다면 아주 흥미로울 것 같다.

우주인과 교류한다면 마스크를 잊지 말자

– 〈컨택트〉

〈**컨택트**〉(2016)

"당신 인생을 전부, 처음부터 끝까지 알 수 있다면,
그걸 바꾸겠어요?"

– 루이스

마스크는 필수다

이제 우주인과의 교류를 테마로 한 SF 작품을 이야기해보자. 우주인과의 교류는 크게 2가지 유형이 있을 것이다. 하나는 비교적 우호적인 공존 관계를 쌓으려는 것이고, 다른 하나는 호전적이어서 침략이나 전쟁을 전제로 한 것이다. 전자가 교류의 의미에 더 가깝지만, 여기서는 뭉뚱그려서 교류라고 하자.

먼저 소개할 영화는 〈컨택트 Arrival〉이다. 이 영화는 언어학자와 물리학자가 우주인과 최초로 언어적인 교류를 시도한다는 이야기다. 다른 행성에서 온 우주인과 교류한다고 했을 때 궁금한 점은 이 영화에서 다루고 있는 것처럼 다음과 같다.

① 서로 다른 언어로 어떻게 이해할까?
② 서로 다른 대기 성분의 환경에 적응한 생물끼리 어떻게 교류할까?

2가지 모두 교류하는 데 커다란 장벽이다.

SF 작품에서 첫 번째 장벽은 우주인이 순식간에 지구 언어를 학습해버리거나 지구의 고대 언어를 알고 있는 사람이 통역하는 방식으로 해결된다. 사실상 가장 큰 문제는 두 번째 장벽인데, 대부분의 작품에서는 무시하고 있다. 대기 성분이 우연히 지구와 같다는 암묵적인 설정이 있는지도 모르겠다.

그러나 우주의 행성 환경을 일반적으로 고찰하면 대기 성분은 거의 보편적이지 않음을 알 수 있다. 예를 들어 지금과 같이 지구에서 산소가 대기 전체의 5분의 1을 차지하게 된 것은 40억 년에 걸쳐 나타난 결과이다. 원래는 거의 질소밖에 없는 상태에서 식물의 출현 등 여러 차례 지구 전체에 산화 현상이 일어나 대기 중에 산소가 서서히 채워지면서 마침내 현재의 양이 되었다.

애초에 생명 활동의 호흡에 산소를 이용하는 곳도 지구뿐일지 모른다. 그러므로 우주복처럼 호흡할 수 있는 장치 없이 맨몸으로 교류하는 것은 불가능하다.

처음에 대기 문제를 고려한 장비를 갖추고 있는 작품도 있고, 대기를 조사한 다음 마스크를 벗기도 하는데, 이것도 있을 수 없는 일이다. 얼핏 보기에는 지구의 대기 성분에 가까운 수치라도 위험한 미생물이나 바이러스가 있을 가능성 등 리스크가 압도적으로 높은 것은 명백하다. 화면상으로는 얼굴 표정을 알아보기 힘들고 잘 보이지 않겠지만 우주인끼리 교류할 때 '마스크 장착'은 철칙이다.

영화 〈컨택트〉에서는 도입부에 이런 설정을 나름대로 설득력 있게 설명한다. 우주인이 우주선에서 한 발짝도 나오지 않는다는 것이다. 영화에서는 우주선 내부가 중력이나 대기가 다른 것으로 설정되어 있는 듯하다. 대기를 지구와 똑같이 맞춰도 사람은 우주선 내의 공존 룸에서 몇 분밖에 머물 수 없으며, 사람과 우주인 사이는 항상 투명한 칸막이로 가로막혀 있다.

장비 없이 우주인과 교류하려면?

그렇다면 영화처럼 마스크나 캡슐로 얼굴을 감싸지 않고 우주인과 맨몸으로 교류하는 것은 실현 불가능할까? 영화 〈아바타〉에서는 이 문제를 대단히 훌륭하게 해결하고 있다. 주인공들이 현지 우주인의 육체(또는 겉모습이 같은 로봇 슈트)에 자신의 의식을 옮기는 수법을 이용하고 있는 것이다. 조작하는 인물은 VR처럼 우주인의 시점이나 감각을 공유한다. 심지어 이렇게 하면 호흡 등 대기에 의존한 생체 활동의 문제점도 말끔히 해결할 수 있다.

이를 더욱 자유롭게 조작할 수 있는 기술을 개발하는 것이 가장 현실적인 우주인과의 교류 방법이라고 생각한다.

더 나아가 우주인의 육체나 로봇도 필요 없을지 모른다. VR

공간에 우주인들이 접속하여 가상으로 교류할 수 있다면 그것으로 충분할 것이다. 코로나19 팬데믹으로 널리 퍼진 줌을 통한 교류가 이것과 비슷하지 않을까?

화면 속의 우주인과 교류하는 것은 흥미로운 그림이며, 멀리 떨어진 문명끼리 교류하는 데는 최고의 방법일 것이다.

텔레파시에 필요한 것

〈아바타〉에 대해 언급한 김에 잠시 생각해볼 만한 것이 있다. 인간의 의식이 다른 생물체에 깃들 수 있는가 하는 점이다. 이른바 텔레파시 말이다. 우주인의 언어 문제를 해결하기 위한 방법으로 인간의 뇌에 직접 입력되는 묘사가 SF 작품에 종종 등장한다.

자연계에는 힘을 전달하는 방법이 4가지뿐이라고 알려져 있다. 전자기력이라면 빛이고, 쿼크quark를 이어주는 강한 힘으로는 글루온gluon이라는 매개 입자가 존재한다. 힘을 전달하는 매개 입자가 명확하지 않은 것은 오로지 중력뿐이다. 또한 힘은 아니지만 소리를 전달하려면 공기가 필요하다.

서로 떨어진 개체의 뇌에 직접 전파하는 텔레파시 같은 것이 있다면, 그 매개 입자가 반드시 필요하다는 것이다.

공기 또는 빛과 같이 매개 입자 없이는 전파할 수 없다. 이런 의미에서 텔레파시는 픽션의 영역을 벗어날 수 없을 것이다.

그 대신 다른 개체에 인격을 옮기는, 예를 들어 뇌를 통째로 이식한 경우는 어떻게 될까? 윤리적인 문제가 없다면 흥미로운 일이며, 뇌를 이식할 때 인격도 이식되면 좋지 않을까 하는 생각이 든다. 전문가가 아니므로 더 이상은 언급할 수 없지만, 우주인과 인류가 서로 이식되려면, 적어도 같은 뇌 구조를 갖춰야 할 것이다. 우주인과 인류가 완전히 똑같은 뇌 구조를 갖는 것은 대기와 중력이 다른 이유처럼 있을 수 없는 일이다. 그러므로 뇌를 서로 바꾸는 것은 과학적으로 상상할 수 없는 일이다.

비선형 언어?

다시 〈컨택트〉 이야기로 돌아가자. 언어학자 팀은 우주인의 언어를 해독하여 언어적인 교류를 시도한다.

그들의 문자는 7개의 손가락을 펼쳐서 쏘는 안개 같은 먹으로 쓴 원형의 상징이다. 이 원형 문자는 적어도 문자에 대응하는 소리(발음)가 있는 지구상의 언어와 달리 소리와 일체의 관련이 없다. 발음을 나타내는 영어 같은 표음문자가 아니라 한

자에 가까운 표의문자 같은 것이다. 이른바 상징이 의미를 나타내는 것이다. 그래서 언어학자들은 음성으로 해독하는 것을 단념하고 이 상징을 해석하기 위해 씨름한다.

해독이 진행되자 그들의 언어는 원 하나가 하나의 문장을 이루고 있으며, 붓으로 썼을 때 붓끝의 삐침 같은 원 주변의 모양이 중요한 의미를 지닌다는 것을 알아냈다. 주인공의 말을 빌리면, '2초 만에 복잡한 문장을 단숨에 그리는 이미지'의 언어이다. 또한 원형이기 때문인지 아무래도 문장에는 전후 개념이 없는 것 같다. 주인공은 이러한 그들의 언어를 가리켜 '비선형 언어'라고 부른다.

'비선형'이라는 표현은 처음에 내가 생각한 이미지와 달라서 위화감이 있었는데, 언어학 분야에는 선형·비선형 언어라는 표현이 있는 것 같다.

원래 선형이란 단일 요소를 더해서 합친 것을 의미한다. 언어학에서는 하나의 요소를 단어라고 하며 그것이 하나의 개념을 표현하고 있을 때 선형 요소라고 한다. 선형 요소를 합쳐서 문장을 만드는 이미지다. 1개의 요소가 복수의 개념이나 의미를 동시에 갖는 것을 비선형 요소라고 할 수 있다. 수학이나 물리학에서 말하는 비선형이란 확실히 이것과 비슷하다. 단순한 요소의 합뿐만 아니라 요소의 곱이 영향을 미치는 경우를 가리킨다. 하지만 언어학은 내 전문 분야가 아니며 언어학에서 무엇이 요소의 곱에 대응하는지 등은 언어학자의 도움이 필요하므로 여기서는 이 정도로 그치자.

영화에서는 지구상의 언어학 분류 이상으로 그들의 언어가 복잡하다는 것을 표현하고 싶었던 것 같다. 복수의 의미를 동시에 갖는다는 특징 이외에 원형으로 표현된 언어가 순서나 시작하는 위치까지 임의로 취할 수 있는 복잡성을 갖고 있다고 표현한다. 이것들을 가리켜 '비선형(=복잡)이다'라고 하는 듯하다.

그러나 정말로 전후 관계가 없는 언어라면, 지구인이 그것을 해독하기란 참으로 곤란하기 짝이 없을 것이다. 지구상의 모든 언어는 단어들의 전후 순서로 의미가 성립되기 때문이다. 호의적으로 받아들이면 아마도 회문 같은 구조, 즉 앞에서 읽든 뒤에서 읽든 의미가 같지 않을까 싶다.

우주인의 타당한 목적

언어학자들은 그들의 언어를 조금씩 해독해간다. 동시에 서로를 알기 위한 커뮤니케이션도 진전된다. 우선 서로의 이름을 알려준다. 그리고 제스처를 포함해 '인간', '걷다' 등의 단어를 서로 가르쳐주며 공통의 어휘를 늘려간다. 이리하여 언어학자들은 그들의 언어로 간단한 커뮤니케이션이 가능해졌다.

그럼 우주인과 의사소통을 할 수 있게 되었을 때 맨 처음 묻고 싶은 것은 뭘까? 나는 이것밖에 없다고 생각한다.

당신들은 어떤 목적으로 여기에 왔습니까?

우선 이것을 확실히 해두지 않으면 침략인지 단지 호기심으로 왔는지를 알 수 없으므로 앞으로의 관계를 어떻게 끌어갈지 결정할 수 없다. 영화에서도 군대의 대령이 빨리 이것부터 물어보라고 안달복달한다.

실제로 우주인이 스스로 지구를 찾아왔다면 어떤 목적이 가장 타당할까? 여기서 그들의 목적을 간단히 정리해보자. 생각할 수 있는 것은 다음 3가지일 것이다.

① 침략이나 지배
② 우호적인 교류
③ 그냥 호기심

나는 인류가 우주를 탐사하는 입장에서 생각하면, '그냥 호기심'이 가장 맞을 것 같다.

우리와 마찬가지로 자기들의 별 이외에 생물이 있을까, 있다면 자기들의 별과 어떻게 다를까 등등, 우선 지적 호기심을 채우기 위해 방문한 것이 아닐까? 그런 다음 두 번째 목적으로 전환할 수 있을 것 같다. 첫 번째의 침략을 목적으로 오는 경우는 극히 드물 것이라고 생각한다.

침략이 목적이라 하더라도 대전제로서 그 행성의 대기나 중력이 같은 환경이라는 보장이 없음을 기억하기 바란다. 대기의 기체 성분 이외에도 어떤 바이러스나 감염증이 있는지 전혀 예상할 수 없다. 우리라면 그런 환경에 맨몸으로 진입하는 일은 절대 하지 않을 것이다. 달 탐사조차 비용이나 생명의 위험 측면에서도 유인 탐사와 무인 탐사의 차원이 전혀 다른 프로젝트이다.

그럼에도 굳이 맨몸으로 진입한다면 이주를 목적으로 하는 것 이외에는 상상하기 힘들지만, 그렇다면 일단 무인으로 이주할 행성을 열심히 탐사할 것이다. 기술이 진보할수록 무인으로 훨씬 더 자유로운 탐사가 가능할 것이다. 처음부터 맨몸으로 찾아온다면 '백문이 불여일견'이라는 생각에 내 눈으로 똑똑히 보고 싶은 호기심 가득한 우주인 아닐까?

영화에서 우주인이 찾아온 목적은 '무기를 제공'하여 '인류를 구한다'는, 인류와 비교적 우호적인 관계를 구축하는 것이었다. 또한 '무기'란 병기가 아니라 그들이 사용하는 언어 자체였다. 과연 언어를 제공하여 인류를 구한다는 것이 무슨 의미일까? 그것은 영화를 보고 확인하기 바란다. 여기서는 우주인과 언어 교류를 어떻게 할지 좀 더 구체적으로 이미지가 확장된다면 그것으로 충분하다.

이 영화를 만든 드니 빌뇌브Denis Villeneuve 감독의 신작 〈듄Dune〉이 2021년 10월에 개봉되었다. 〈듄〉 역시 우주를 테마로 한 SF 작품이며, 어떤 행성을 무대로 장대한 세계를 그려내고 있다.

12장

'우주인의 시력'과 '항성'의 밀접한 관계

– 〈브이(v)〉

〈V 시즌 1, 2〉(2009~2011)

"우리는 평화롭다. 항상"

– 애너

정교한 침략 계획

이번에는 해외 드라마 〈브이v〉를 소재로 호전적인 패턴의 교류를 살펴보자.

〈브이〉에 등장하는 우주인은 침략이 목적이다. 단, 이 드라마에서 그려지는 우주인은 침략이 목적이라는 것을 바로 알아차릴 수 없는, 대단히 교묘한 책략을 구사하여 지구 지배를 꾀하고 있다는 점에서 재난 영화와는 선을 그으며, 드라마 특유의 스토리가 살아 있다. 제목인 'V'는 'Visitor'의 머리글자로, 드라마에서도 그들은 방문자(지구를 찾아온 방문자)라고 불린다. 1983년에 제작된 텔레비전 드라마를 리메이크한 것으로 2009년부터 2011년에 걸쳐 시즌 2까지 제작되었다.

모레나 바카린Morena Baccarin이라는 여배우가 연기하는 우주인 지도자 애나의 신비한 미모가 특히 매혹적이다. 어딘가 비밀에 싸인 표정과 뭔가 꾸미고 있는 것 같은 우주인의 느낌이 살아 있다.

드라마의 간략한 줄거리는 다음과 같다.

어느 날 세계의 주요 도시 상공에 갑자기 지구로 날아온 우주선이 여러 대 나타난다. 우주선은 모두 거대한 모선인 듯하며 공중에 정지하자 바닥에 스크린으로 애나의 얼굴이 비치고 지구인에게 보내는 메시지가 투영된다. 애나는 대단히 우호적으로 말을 걸며 지구인과의 평화적인 교류를 호소한다. 그러나 여기서부터 비밀리에 애나의 지구 침략 계획이 수행된다.

상상할 수 있는 겉모습

여러분은 우주인을 구체적으로 이미지화할 때 어떤 실루엣을 상상하는가.

아마도 크게 두 종류로 나뉠 것이다. 물론 둘 다 근거는 없으니, 그저 우주인의 외모로 인기 있는 두 종류라고 하는 것이 낫겠다.

첫 번째는 이른바 그레이 유형의 우주인이다. 몸집이 작고 머리가 큰 데다 눈도 아주 큰 녀석이다. 이 모습은 미국에서 일어났다는 우주인 유괴 사건의 증언에서 유래한 것으로 알려져 있다. 힐이라는 부부의 증언인데, 그들은 유괴(실종?)되었을 당시 2시간 동안의 기억이 없으며, 나중에 최면요법으로 기억을 떠올리자 그때의 사건이 세세한 부분까지 일치했는데, 거기서 본 우주인의 외모가 몸집이 작고 밋밋한 그레이 유형이었다고 한다.

다른 하나는 우주인 외모로 인기가 높은 이른바 파충류 진화 유형이다. 예전에는 파충류가 아니라 문어형 우주인에서 발전한 것이다. 지구상에서 이상한 외모를 가진 생물을 힌트로 추측해보는 것이다.

〈브이〉에서 묘사한 우주인은 파충류 진화 유형이다. 다만 파충류 유형인지 한눈에 알아차릴 수 없는 외모이다. 파충류 피부 위에 인간과 같은 피부를 붙이고 있다는 설정으로, 처음에는 인간이 우호적인 관계를 쉽게 쌓을 수 있도록 진짜 모습을 숨기고 있다. 참으로 교묘한 침략 수법이다.

우주인을 통해 보이는 세계

여기서 우주인의 신체적 특징에 대해 이야기해보자. 〈브이〉에 등장하는 우주인과는 다른 그레이 유형의 우주인은 눈이 큰데, 실제로는 어떤 눈을 갖고 있을지 상상하는 데 도움이 되는 흥미로운 영화가 〈케이 팩스K-PAX〉이다.

이야기는 실종된 남자에게 우주인이 씌이는 것으로 시작된다. 약간 오래된 작품인데, 주인공을 연기하는 사람은 케빈 스페이시라는 명배우로, 바나나를 껍질째 먹는 등 지구인이라고 할 수 없는 기발한 행동을 하는 신비로운 연기가 일품이며 볼거리도 많은 작품이다.

영화에서 주인공이 "나는 거문고자리의 베가에서 왔다"는 발언을 함으로써 의사가 그의 신체를 검사한다. 하지만 신체적인 문제는 발견되지 않고, 딱 한 가지 이상한 것은 시력뿐이다. 자외선에 대한 반응이 높아서 인간의 가시광역과는 크게 달랐던 것이다.

영화에서는 그 이유를 딱히 설명하지 않는다. 그러나 이 설정이 의외로 이치에 맞는 것 같다. 이야기가 약간 길어지는데 순서대로 설명해본다.

우선 우주에는 대단히 많은 별이 존재하며, 우리은하에만 2천억 개 정도 있다고 한다. 그리고 별은 수명의 90%가 활동적인 시기에 해당한다. 수명이 100세라고 한다면 태어나서 90세까지 팔팔한 젊은이처럼 활동한다는 것이다. 이 활동기에 있는 별을 주계열主系列이라고 하며, 여기에 속하는 별을 7가지 정도로 분류할 수 있다.

수많은 별을 크게 7가지 종류로 분류할 수 있는 것이다. 세세한 분류 방법은 주제에서 벗어나므로 생략하지만, 종류에 따라 별의 수명이나 빛의 파장역이 달라진다.

예를 들어 태양은 별의 종류로 말하면 G형이며 연노랑색 이미지이지만 실제는 녹색 파장이 가장 강하다. 그리고 인류를 포함한 포유류는 빛을 더 잘 흡수하기 위해 이 녹색 빛을 중심으로 가시광역이 조절되어 있다. 우리의 눈 구조는 태양빛에 의존하여 진화해온 것이다. 우리가 식물의 녹색에서 편안함을 느끼는 것도 어쩌면 강한 흡수율과 관계 있을지도 모른다. 참고로 식물은 반대로 녹색 빛을 별로 사용하지 않으므로 반사하여 녹색으로 보인다. 그 대신 빨강과 파랑 파장에 강한 흡수율을 가지도록 진화해왔다. 우리는 식물과 똑같은 빛을 받고 다른 색을 사용하는 공존 관계라고 할 수 있다.

여기서 태양이 다른 종류의 별로 변했다고 가정해보자. G형인 별과 마찬가지로 수명이 50억 년 이상인 별은 그 밖에 두 종류가 있다. 단, 그 별은 태양에 비해 온도가 낮고, X선 등 유해한 빛이 강하게 나오거나 섬광이 비쳤을 때 방사선이 발생하기도 한다.

이것들을 고려했을 때 거기에 사는 생물은 우리 인류와 마찬가지로 녹색 빛을 중심으로 진화했을까? 지구 생물의 눈이 태양에 의존하여 진화해왔음을 생각하면 이런 환경에서 진화한 생명은 눈의 구조도 그에 대응한 것이라고 생각한다. 예를 들면 온도가 낮은 별이 태양이라면 적외선이 가시광역이 될 가능성이 있다. 지구상에서 뱀은 적외선을 이용하여 온도를 감지한다.

그들은 눈이 아니라 다른 기관으로 감지하는데, 태양이 다르면 그런 시력을 가진 생물이 있다 해도 이상하지 않을 것이다. 극단적으로 말하면 파랑이 가시광역에서 벗어나 파란색을 인식하지 못하게 되고 새로운 가시광역에서는 노란색 부근이 인간의 '파란색'에 대응하므로 우리의 색 인식과는 크게 다를 가능성이 있다. 같은 신호기를 보더라도 같은 색으로 인식하기 어려울 것 같다.

각각의 별의 종류에 따라 감각기관이 진화되었다면 〈케이팩스〉의 설정처럼 지구 밖의 생명이 자외선을 색깔로 볼 수 있을 것이다. 그레이 유형 우주인의 눈이 크다는 특징도 다른 태양의 성질 때문이라고 생각하면 어느 정도 설득력이 있다. 예를 들어 G형보다 밝기가 강한 태양이라면 적은 빛을 모으기 위해 큰 눈을 가질 필요가 있을지도 모른다. 영화 〈배틀쉽: 라스트 솔져Battalion〉에는 지구를 습격한 우주인이 아침 해를 똑바로 쳐다보다가 눈을 다치는 장면이 나온다. 어쩌면 이 우주인들의 고향은 태양보다 몇 단계 어두운 별인지도 모르겠다.

진보된 과학기술과 지구 침략의 향방

애나의 지구 지배 이야기로 돌아가 보자.

처음에는 아주 평화적이다. 지구를 찾아온 목적은 물과 미네랄을 공급받기 위해서일 뿐이라고 하고, 일시적인 방문자로서 전 세계의 정부와 교섭해나간다. 동시에 발달한 기술도 제공하겠다며 건강센터 설치를 제안하거나 모선 내부를 소개하는 투어를 실시한다. 침략이라는 목적을 숨기고 접근하는 대단히 교묘한 수법이다. 물론 매력적인 교섭 재료가 될 정도로 그들의 과학기술은 정말로 발달했으며 특히 의료기술은 무시무시할 정도다. 그들이 고치지 못하는 병이 거의 없는 것으로 묘사된다.

그 밖에 인류의 발전을 가볍게 넘어서는 듯한 고도의 과학기술을 단적으로 보여주는 것이 있다. 그것은 블루 에너지라는 기술이다. 이것은 우주선의 동력이라고 하며, 원자력으로 바뀌는 차세대 친환경 에너지라고 소개된다.

이 기술을 좀 더 자세히 살펴보자. 2개의 구체를 접근시키면 주변 일대에서 푸른 플라즈마 같은 빛이 나온다. 설명이 적어서 확실히 말할 수는 없지만, 2개의 물질을 접근시켜서 에너지를 얻는 것처럼 보이므로 반물질 같은 것을 리액터로 쓰고 있는 것이 아닐까 짐작해본다.

통상적으로 이 세상에는 반물질이라는 반입자로 이루어진 것이 없다. 이것과 물질이 접촉하면 쌍소멸 현상을 일으켜 고에너지인 감마선이 되어 소멸해버린다.

작품에서 영상 표현은 그야말로 이것에 가장 가까운 과학적 설명을 표현하고 있는 것이 아닐까 싶다. 톰 행크스가 주연을 맡은 영화 〈천사와 악마Angels & Demons〉에서는 이 성질을 이용한 반물질 폭탄이 등장한다. 쌍소멸 현상을 폭탄처럼 이용하는 것은 원리상으로는 가능할 것 같다. 단, 반물질을 대량으로 생성하여 폭탄을 만드는 데만 10억 년이라는 오랜 시간이 걸린다. 반물질 폭탄의 원리를 진지하게 생각하는 학자가 있다고도 하지만, 오랜 시간이 걸리는 이유는 반물질을 처음부터 생성하는 것이 그만큼 어렵기 때문이다. 이 세상에 거의 없는 물질을 무기로 사용할 수 있는 양까지 늘리려면 엄청난 시간과 막대한 에너지가 필요하다. 인류가 애나 일당처럼 반물질을 응용한 차세대 에너지를 개발하는 것은 현실적으로 가능성이 낮다고 생각한다.

그것보다 차세대 에너지로 현실감 있는 것이 깨끗한 원자력 에너지라고 불리는 '핵융합형 원자로'이다. 현재 세계에서 가동

되고 있는 원자로는 모두 핵분열을 이용한 것이다. 우라늄 등의 무거운 원소에 중성자를 충돌시켜서 핵분열을 일으켜 에너지를 만드는 방식이다. 그러나 재해나 인위적인 실수에 의해 방사능 오염을 일으킬 위험이 높다는 것은 전 세계의 원자력발전소에서 일어난 수많은 사고를 통해 잘 알고 있을 것이다.

한편 핵융합형은 기본적으로 가벼운 원소인 수소를 연료로 헬륨을 만들어서 에너지를 생성하므로 애초에 방사성 물질을 함유하고 있지 않다. 이것은 태양이 빛나는 원리와 같으며 '지구에 만드는 두 번째 태양'으로도 유명하다. 현재 전 세계가 이 연구에 몰두하고 있으므로 실현될 날이 그리 멀지 않았을 것이다.

차세대 에너지 이야기가 좀 멀리 갔는데, 인간이 반물질을 이용한 에너지 생성 장치를 만들 가능성은 희박하므로 이런 미래 기술을 제공한다는 말에 귀가 솔깃할 것이다. 애나는 이런 달콤한 사탕발림으로 일반인들의 지지를 얻고 우주인이 거주할 장소를 착착 만들어간다. 미국 정부도 여론의 힘에 눌려 우주인에게 비자를 발급한다.

물론 이것은 애나 일당들의 제스처에 불과하며 물밑에서는 침략이 진행되고 있다. 애나 일당들의 가장 큰 목적은 지구인과의 이종교배이다. 자기들 유전자와 인류 유전자를 조합한 하이브리드종을 탄생시켜 지구 지배를 꾀하려는 것이다.

과연 인류는 애나 일당에게 정복될까? 이야기에서는 일치단결한 것처럼 보이던 우주인 중에 지구인에게 협력하는 세력도 나온다. 교묘한 우주인의 침략을 그린 작품이므로 우주인에 대해 여러모로 생각해볼 수 있는 계기가 될 것이다.

그 밖에도 우주인과의 교류를 그린 작품은 많다. 여기서는 마지막으로 약간 독특한 영화 〈디스트릭트District〉를 소개한다.

이 영화에서 그려지는 우주인은 사회성 곤충에 가까우며, 지능이 별로 높지 않아 지구에 온 목적도 들어볼 수 없다. 그래서 인류는 아프리카의 두메산골을 격리지구로 만들어 우주인을 거주시키는데, 커뮤니케이션이 어려워서 알력이 생기고 만다.

여기서 말하고 싶은 것은 우주인과 만나는 장소가 지구인지, 제3의 다른 행성인지에 따라 이야기가 크게 달라진다는 점이다. 서로에게 중립적인 장소에서 만나는 경우에 비해 어느 한 쪽이 소유하고 있는 땅에서 만나면 목적이 분명하지 않더라도 자동적으로 알력이나 침략 등 다툼의 씨앗이 되어버린다는 점이다. 이 영화에서는 지구에서 땅을 둘러싼 대립이 멋지게 그려진다.

생명의 가능성

지금까지 2가지 우주인을 소재로 한 SF 작품을 살펴보았다. 다음으로 궁금한 것은 현실적으로 우리 이외에 지적 생명체가 있을 가능성이 있는가, 하는 점이다.

현재 태양계에는 지적 생명체의 징후가 있는 행성이 지구 외에는 없다. 생명이 있을 가능성이 높은 유력한 천체로 화성의 지하, 목성의 위성 유로파, 토성의 위성 타이탄이 있다. 그 이유를 간단하게 소개한다.

우선 일반적으로 생명체를 탐사한다면 행성을 탐사하는 이미지가 그려지는데, 위성도 충분히 후보가 될 수 있다. 유로파나 타이탄이 바로 그것이며, 그들의 행성인 목성이나 토성은 착륙할 지면이 없는 가스 덩어리다. 행성 자체가 대단히 거대하므로 중력에 의해 그 주위를 도는 위성인 유로파와 타이탄도 행성에 버금가는 크기를 가지며, 암석으로 이루어진 지면도 있다.

태양계 최대의 위성인 목성의 가니메데와 타이탄은 행성인 수성보다 크다. 적어도 달 크기 정도의 암석 행성이라면 충분한 환경이므로 달보다 큰 목성의 위성 칼리스토나 이오, 그리고 달보다 약간 작은 유로파도 생명체가 있을 가능성이 있다.

또한 다른 천체에 생명체가 존재할까를 생각할 때는 지구에서 생명체가 탄생한 것과 같은 환경이 있는지를 생각하는 것이 보통이다. 거기서 열쇠가 되는 것이 생명의 원천인 '바다의 존재'다.

그런 의미에서 화성과 유로파는 관측을 통해 물이 있다는 증거가 발견되었으므로 가능성이 높다고 할 수 있다. 화성 지하에 풍부한 물이 얼음 상태로 존재하는 것으로 여겨지며, 지상에서는 강의 흔적 같은 지형도 발견되었다.

그중에서도 관측 결과 지하에 대량의 물과 얼음이 존재할 가능성이 높은 유로파가 첫 번째 후보이다. 지하에 잠든 대해는 수심이 100킬로미터에 이른다고 한다. 지구의 바다는 기껏해야 수심 10킬로미터도 채 안 되므로 유로파의 물 저장량은 가히 압도적이다. 심지어 유로파는 목성의 거대한 중력의 영향을 받아 지구의 달처럼 조용한 환경과는 달리, 화산활동이나 지각변동 같은 유동적인 환경도 갖추고 있으므로 생명체가 존재하기에 더 적당할지 모른다.

그 밖에도 목성의 위성 가니메데의 대기는 산소를 다량 함유하고 있다고 한다. 산소가 있다는 것만으로 식물이 존재하는 증거라고 생각해버리는데, 산소는 물의 열분해에 의해서도 생성되므로 가니메데의 대기는 식물에서 유래한 것이 아니다. 그럼에도 대기에 산소가 있는 천체는 인류와 같이 산소를 필요로 하는 생명체에게 대단히 유익한 정보이다. 또한 내부에 유동적인 핵이 있으며, 생명 환경에 중요하다고 여겨지는 자장도 있다고 한다.

토성의 위성 타이탄은 물을 대신할 수 있는 것이 강이나 호수를 형성하고 있다고 한다. 그것은 메탄이나 에탄이라는 물질이며, 지구에서 비가 내리듯이 타이탄의 지표에 쏟아붓는다는 것이다. 심지어 지구는 물의 순환과 함께 대기 성분인 탄소를 순환시키고 있는데, 타이탄의 대기에는 풍부한 질소가 있으므로 탄소 대신 질소가 순환되는 것은 아닌가 생각된다. 질소를 생명 활동에 이용하는 질소고정균 같은 미생물은 지구에도 존재하므로 그런 생명체가 있을 가능성은 충분하다.

또한 여기서는 처음부터 제외해버린 가스 행성 중에는 정말로 생명체가 없을까? 지구의 생명 탄생과는 완전히 다른 과정을 거쳐서 생명체가 탄생했을 가능성도 있다. 지면이나 바다가 없는 두꺼운 대기에서 어떤 생명체가 태어나는 것을 우리는 상상할 수 없지만 우주에서는 언제나 그런 상상을 뛰어넘는 일들이 넘쳐난다. 새 같은 생물이 마치 심해를 떠다니는 물고기처럼 대기 중을 돌아다니는 세계도 상상해볼 수 있다.

그러나 태양계에 속한 행성이나 위성에 생명체가 있다 해도 기껏해야 극한생물 정도이며, 이른바 지적 생명체가 있을 가능성은 낮을지도 모른다(그래도 과학적으로는 정말 놀라운 발견이다).

그럼 인류와 같은 지성과 문명을 가진 우주인이 존재하지 않을까? 그렇다고 단정할 수는 없다. 우리은하의 별의 개수를 생각하면 가능성이 있다고 할 만하다. 제9장에서도 언급했듯이, 통계적으로는 100광년 안에 바다를 가진 행성이 약 30개 존재할 가능성이 있다. 거기에는 지적 생명체가 존재할지도 모른다.

하지만 제10장에서 이야기한 것을 다시 떠올려보자. 성간이동이라는 것은 현재 인류의 과학 수준으로 실현하기 힘들다. 그러면 우주인이 있다 해도 결국 서로 교류하지 못하는 것 아닐까? 교류할 수 있을 만큼 과학기술이 발전하는 속도보다 자신의 문명이 전쟁 등으로 붕괴되는 속도가 훨씬 빠르지 않을까 생각한다. 태양계에 지구의 인류에 대항하려는 지적 생명체가 없는 한 침략을 목적으로 날아오는 존재는 앞으로도 없을 것이다.

초자연현상과 과학

제11장과 이번 장에서는 약간 오컬트적인 테마를 이야기했다. 그래서 마지막으로 오컬트와 연구자의 불가사의한 관계에 대해 이야기해보자.

UFO나 초능력, 심령 현상 등을 통틀어 오컬트라고 부른다. 일본에서는 1973년에 《노스트라다무스의 대예언》에서 시작되어 1990년대 후반까지 오컬트 붐이 있었다. 《현재를 살아남기 위한 70년대 오컬트》에서는 이런 움직임에 대해 무신론자로 알려진 일본인에게도 혼의 불변성 등 애니미즘 신앙이 침투해 있으며, 그런 일본인 특유의 민족성에서 유래한다고 해석하고 있다.

당시에는 오컬트를 테마로 한 버라이어티쇼도 많았다. TV에서는 영적 능력자 기보 아이코宜保愛子와 과학자 대표 오쓰키 요시히코大槻義彦 교수가 자주 대결을 벌였다.

와세다 대학에 다닐 때 오쓰키 교수의 수업을 들었는데 독특한 카리스마를 풍기며 긴장감 있게 수업을 진행했던 기억이 난다. 퇴직이 가까운 노년이었지만 오쓰키 선생은 다른 수업과 달리 칠판에 가득 쓰면서 강의를 진행했다.

내가 들었던 것은 파동에 대한 수업이었는데, 선생이 먼저 가르치는 일은 거의 없었다. 예습한 지식을 토대로 발표하거나 모두에게 설명이 가능했을 때 참가점수를 받는 특이한 방식이었는데 연출이 멋지다는 인상을 받았다.

특히 인상적인 것은 물리학과에 들어갔을 때 들었던 옴진리교 조유 후미히로上祐史浩 이야기다. 어떤 의미에서는 오컬트 붐에 편승한 신흥종교가 옴진리교이며, 조유는 와세다 대학 졸업생이었다. 오쓰키 선생은 귀에 못이 박히도록 그 사람처럼 되면 안 된다고 수없이 강조했다. 과학자가 되고자 했던 뛰어난 젊은이가 교주 아사하라 쇼코에게 조종당해 테러 행위에 협력한 것을 보면 딱 맞는 교훈이다.

또 한 가지, "유카와 히데키湯川秀樹도 마지막에는 불교에 경도된 것 같은데 정말 한심하다"고 말했다. 오컬트를 과학적으로 부정하는 발언이었다. 유카와 히데키(일본의 이론물리학자)가 불교를 믿게 된 이유는 당시에는 생각지 못했던 원자 모델과 불교의 세계관에서 공통점을 느꼈기 때문이라고 한다. 당사자에게 확인할 수는 없지만, 현대의 과학자를 보면 오쓰키 선생의 말처럼 엄격하게 구별하여 과학과 손잡고 있는 사람은 적지 않을까. 특히 이론 물리는 착상 단계에서 어떤 신념이나 신조가 수학적인 형태를 띤 것 같기도 한데, 칼로 무 자르듯이 분리해야 하는지는 잘 모르겠다. 당시 오쓰키 선생이 말하고 싶었던 것은 과학이란 개인적인 신념을 넘어서 보다 객관적인 자세를 무너뜨리지 않아야 한다는 것이 아닐까.

학교를 졸업하고 나도 연구자가 되었다. 어느 날 우연히 신문에서 오쓰키 선생의 기사를 읽었는데, 그가 연구자를 지향한 에피소드가 실려 있었다. 오컬트를 정면으로 부정하고 기보와 수없이 대결을 벌였던 오쓰키 선생은 자기 연구의 시작점이 '도깨비불을 보았던 일'이었다고 썼다.

깜짝 놀라는 동시에 정말 의미심장하다고 느꼈다. 유명한 물리학자 리처드 파인만은 과학에 대해 다음과 같이 말했다.

"당신의 눈앞에서 마술사가 교묘한 손놀림으로 마법을 부린다고 하자. 그것이 진짜인지, 그저 가짜 사기꾼인지를 꿰뚫어 보는 것, 그것이 과학이다."

출처를 잊어버려서 정확한 표현은 쓰지 못하지만 전체적인 의미는 이런 것이었다. 과학이라는 지식은 그야말로 이런 오컬트가 진짜인지 아닌지를 검증하기 위한 지표가 된다는 것이다.

| 맺음말 |

이 책에서는 SF 작품에서 그려진 현상의 과학적인 배경을 현대물리학을 바탕으로 쉽게 풀어보았다. 이들 작품이 애초에 과학적이지 않다는 것을 전제로 학문적으로 비판하는 것 자체가 무의미하지만, 최대한 호의적으로 해석하고 실현 가능성을 과학적으로 설명해보았다. 제대로 설명하려면 좀 더 많은 지면이 필요하므로 이 책에서는 입문 수준으로 생각하면 된다.

제1부에서는 시간 이동을 테마로 한 SF 작품을 통해 여러분이 갖고 있던 시간의 이미지가 확대되지 않았는가. 또한 제2부에서는 우주라는 가혹하고 특수한 환경을 실감할 수 있지 않았는가.

SF를 즐길 때는 단지 영화적 설정으로 받아들이는 자세도 중요할지 모른다. 하지만 다른 시점으로 바라보면 작품을 즐기는 방법이 달라질 것이다.

예를 들어 2021년에는 미국 국방부가 지구와 조우한 미확인 비행물체, 이른바 UFO의 존재를 공개했다. 지금까지 오컬트적인 화제로나 등장하는 UFO 이상으로 현실감 있는 뉴스였다. 나도 그 모습을 보고 놀랐다. 물론 이 뉴스는 우주인이 타고 있다, 또는 존재한다는 것과는 완전히 별개이지만, 생명이 존재할 만한 후보 행성이 있다는 것만으로 우주인이 등장하는 SF 작품을 보다 생생하게 느낄 수 있을 것이다.

독자 여러분도 과학 지식이나 뉴스를 토대로 나름의 사고를 넓혀주면 좋겠다.

이 책에서 이야기하지 않은 것도 많다. ISS와 우주선의 설계나 재료 등에 대한 공학적인 설명은 거의 언급하지 않았다. 요즘은 우주 진출을 목표로 세계의 정부나 기업의 움직임도 활발해지고 있는데, 그런 인프라나 비즈니스도 이 책의 내용을 넘어서는 것이므로 다루지 않았다.

마지막으로 다시 한 번 이야기하지만, 단순히 오락 작품으로 SF를 즐기는 것 외에 일정한 과학 지식을 갖고 작품을 곱씹어 보면 나름의 새로운 해석이나 발견을 할 수 있을 것이다. 다각적으로 작품을 즐기기 위한 도구로서 과학적 시점을 갖고 SF 작품을 감상해보면 훨씬 심오한 즐거움이 기다리고 있을 것이다.

다카미즈 유이치

DVD 이미지 출처

〈백 투 더 퓨처〉 시리즈, 〈히어로즈〉, 〈퍼스트 맨〉 ⓒ NBC 유니버설 엔터테인먼트
〈데자뷰〉, 〈스타워즈〉 시리즈 ⓒ 월트디즈니 스튜디오 모션 픽쳐스
〈테넷〉, 〈터미네이터 - 사라 코너 연대기〉, 〈그래비티〉, 〈인터스텔라〉, 〈브이 V〉 ⓒ 워너브러더스 엔터테인먼트
〈마션〉 ⓒ 20세기 폭스사
〈컨텍트〉 ⓒ 소니 픽쳐스 엔터테인먼트

* 본문 속 영화 DVD 이미지에 대한 사용 허락은 계속해서 구하도록 하겠습니다.

물리학자처럼 영화 보기

초판 1쇄 인쇄 2022년 7월 25일
초판 1쇄 발행 2022년 8월 12일

지은이 다카미즈 유이치
옮긴이 위정훈
펴낸이 이범상
펴낸곳 (주)비전비엔피·애플북스

기획 편집 이경원 차재호 김승희 김연희 고연경 박성아 최유진 김태은 박승연
디자인 최원영 이상재 한우리
마케팅 이성호 이병준
전자책 김성화 김희정
관리 이다정

주소 우) 04034 서울특별시 마포구 잔다리로7길 12 (서교동)
전화 02) 338-2411 | **팩스** 02) 338-2413
홈페이지 www.visionbp.co.kr
인스타그램 www.instagram.com/visionbnp
포스트 post.naver.com/visioncorea
이메일 visioncorea@naver.com
원고투고 editor@visionbp.co.kr

등록번호 제313-2007-000012호

ISBN 979-11-90147-48-4 03420

· 값은 뒤표지에 있습니다.
· 잘못된 책은 구입하신 서점에서 바꿔드립니다.

도서에 대한 소식과 콘텐츠를
받아보고 싶으신가요?